卡哇伊造型鳳梨酥

造型饅頭女王
王美姬 ◎著

作者序

用造型鳳梨酥
傳達真摯的心意

將大自然的恩賜，
透過調色與手作，
製作出可以傳達心意的點心，
這就是造型鳳梨酥。

因為一場突如其來的疫情，
讓我們必須宅在家，
希望這本食譜可以陪伴大家在家手作，
在滿滿的鳳梨香氣與可愛造型中，
為生活增加一份甜蜜。

我們也可以把對於家人與好友的關心，
用一盒造型鳳梨酥傳遞，
不論遠近，讓彼此的心繫在一起。

這本食譜，
特別要感謝出版社朱雀文化，
在文字出版不易的情況下，
依舊堅持出書；
謝謝用心的編輯曉甄，
妳的專業與細心讓食譜更完善；
謝謝攝影師阿和，把作品拍得盡善盡美。
更謝謝禾沐生活學苑的每一位夥伴，
用心的準備材料、協助拍攝。

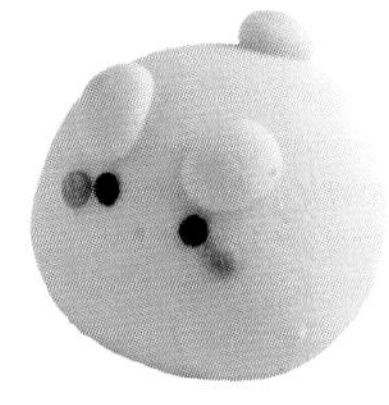

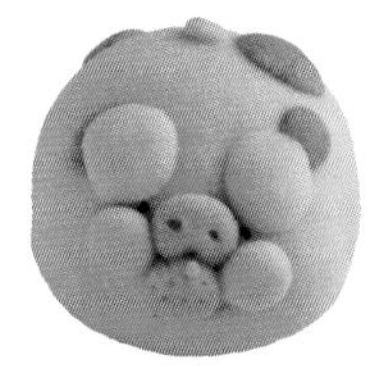

或許病毒可以將我們暫時分開，
但人與人之間的愛與關心永遠都在。
謝謝這片土地滋養著香氣滿滿的鳳梨，
讓我們擁有最棒的食材來製作這美味的甜點。
謝謝大家喜愛老師的手作，
希望這本書，
能為宅在家的你我，
在生活中有些許的小確幸；
如果你想接單創業，
也希望這本書能給你新的想法，
對訂單有直接的幫助。

時序入夏，全球的疫情似乎還沒能完全被控制，
讓我們穩下心來，
宅在家、練手藝，
我們終將度過這黑暗的時刻，
迎接黎明的來臨！

願大家好運旺旺來

造型饅頭女王

目錄 Contents

編按：圖案顏色代表此款造型鳳梨酥難易度，● 為初階；● 為中階；● 為高階。

PART 1 材料、器具和基本工

PART 2
平面造型鳳梨酥

PART 3

2D 造型鳳梨酥

PART 4
3D 造型鳳梨酥

PART 5
鳳梨酥製作 Q&A

A SENSE OF HUMOUR AND A LITTLE LACK OF RESPECT:
that's what you need to make a legend survive.
Hand Made

PART 1
材料、器具和基本工

認識製作材料

以下介紹製作造型鳳梨酥所需的材料，大多很常見，在一般超市及烘焙材料行都可以買到。

無鹽奶油 / 發酵無鹽奶油

一般鳳梨酥通常使用無水奶油或者酥油，但本書的鳳梨酥配方使用無鹽奶油，主要是因為無鹽奶油好買，用途也較多，同時使用無鹽奶油較不影響鳳梨酥做好後的味道。建議使用發酵無鹽奶油，除了口感較佳，也因為在牛奶中加入生菌，靜待一段時間發酵、風味熟成，才提煉成奶油，除了較普通奶油味道豐富外，其高油脂的特性，對做出酥鬆的鳳梨酥皮也有幫助。

糖粉

鳳梨酥皮甜分的來源。使用糖粉較易使奶油混合均勻，如果不使用糖粉，也可使用細粒特砂，不夠細的糖，不容易融入奶油，導致烘烤時會因糖粒殘存而使餅皮產生裂紋。

鹽巴

鳳梨酥皮配方中加入一點鹽巴，可以中和掉甜膩的甜味，提高甜味的細緻度。

全蛋

鳳梨酥酥脆的來源，使用全蛋，做出的酥皮會較酥。

奶粉

麵粉中增加奶粉，可以添加酥皮的香氣。

香草精

增加酥皮香氣，若家中沒有可省略。

低筋麵粉

本書製作鳳梨酥使用低筋麵粉，它的筋性低，可以做出皮較酥軟的口感。嘉禾牌低筋粉心麵粉完全無人工添加物，適用於鳳梨酥及各式蛋糕、餅乾製作，很值得推薦。

片栗粉

片栗粉即日本馬鈴薯澱粉，可以用台灣馬鈴薯澱粉或者太白粉替代。有加片栗粉的鳳梨酥配方，較不容易揉出麵筋，操作起來容易，吃起來會有點沙沙的口感，酥度很夠；不加片栗粉配方，單純使用麵粉，如果製作順序適當，一樣可以達到好操作的手感，口感更加酥香厚實。

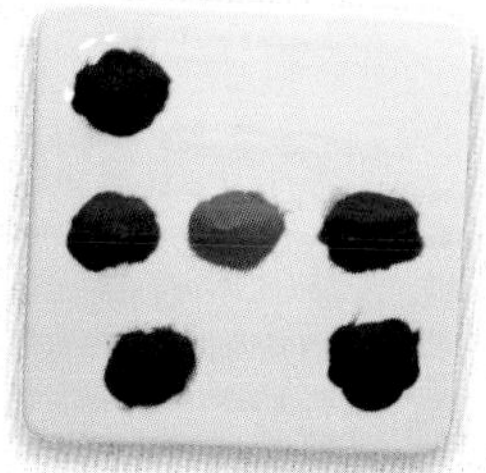

天然色粉

本書鳳梨酥所使用的調色粉，計有梔子黃 / 綠 / 藍 / 紫、紅麴色素、甘薯紫等，全部以自然食材製成，沒有任何化學成分，是讓造型鳳梨酥色彩更繽紛的祕密武器。尤其坊間可選擇小包裝天然色素系列產品，讓小量需求使用者也可以方便購得。目前顏色非常多元，但只要擁有紅黃綠三原色，就可以做出不同的複合色，讀者可以自行創造。使用天然色粉時，需將粉：水＝1：1 先調勻，再放入鳳梨酥皮麵團裡使用。

天然蔬果粉

本書鳳梨酥皮使用的天然蔬果粉，計有竹炭粉、抹茶粉、薑黃粉、可可粉、仙人掌果粉及紫薯粉，也都是以天然蔬果製作而成，完全不加人工色素。使用前，需將粉：水＝1：2.5 先調勻，再放入鳳梨酥皮麵團裡使用。

黃冰糖

製作鳳梨內餡時使用，黃冰糖不死甜，有蔗糖的香氣，是很好的甜度來源。

檸檬汁

製作鳳梨內餡時使用，用來調和甜度，增加內餡風味的層次。

鳳梨

製作鳳梨內餡時使用。可視個人口感需求，選擇甜度高或酸度高的鳳梨品種。

麥芽糖

製作鳳梨內餡時使用，可以讓內餡的風味更豐富。

認識製作器具

以下是製作造型鳳梨酥所需要使用的工具，並不是每一項都要擁有才能做出漂亮的鳳梨酥，也可以利用家裡現有的類似工具製作。

烤箱

一般家用型烤箱即可，不需要刻意選用哪種品牌，即使是小型烤箱，也能烤出美味的鳳梨酥。建議多和烤箱培養感情，了解它的溫度，就能做出漂亮又好吃的造型鳳梨酥。

鋼盆

製作鳳梨酥外皮或是內餡時，都需要使用到。

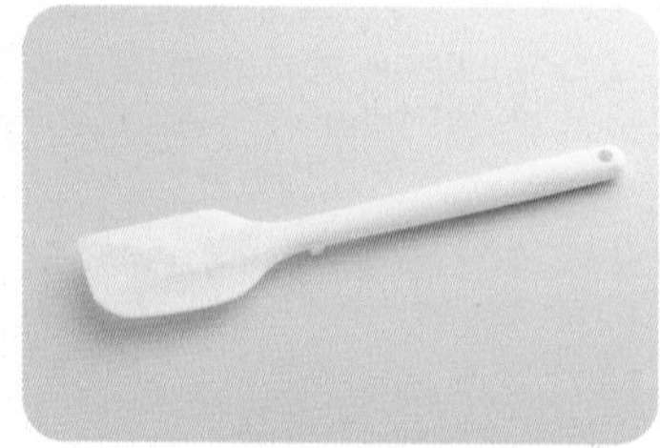

橡皮刮刀

製作鳳梨酥外皮或是內餡時，需要利用它切拌食材。

大小篩網

用來過篩麵粉 / 片栗粉，或者製作鳳梨餡時，濾掉部分果汁。

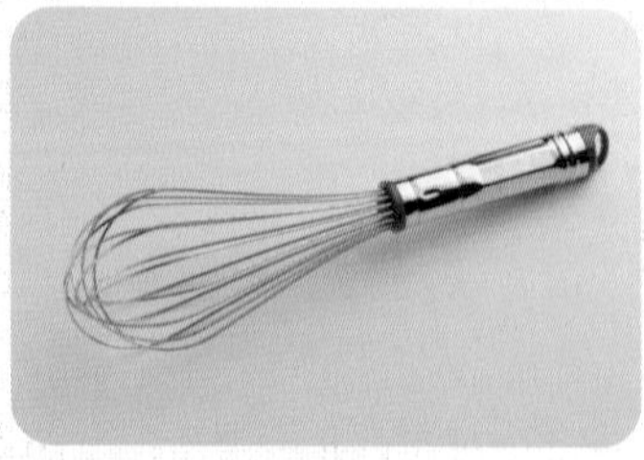

打蛋器

製作鳳梨酥外皮或是內餡時，需要利用它攪打食材。

不沾鍋

炒製內餡時使用，因為不沾的效果，讓製作內餡時更方便簡單。

瓦斯爐

一般家用的瓦斯爐即可，如果有一台快速爐也不錯。特別是在炒製內餡時，非常方便。

饅頭紙（烘焙紙）

鳳梨酥製作過程，可以用來置放半成品及成品，減少弄髒桌上的機會。

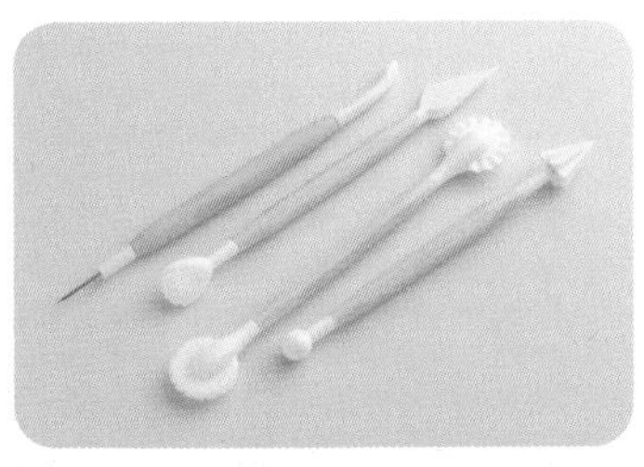

雕塑工具組

有些特殊的造型，需要用到雕塑工具，才能讓造型更加到位。這種雙頭設計，共有 16 款工具可使用的雕塑工具，可以完成造型鳳梨酥塑形上的許多小細節，非常值得推薦。

電子秤
（最小可以秤重到 0.1 克）

秤量各種食材的好工具，因鳳梨酥麵團分量小，所搭配的配件使用到的麵團亦不大，建議使用最小可以秤重到 0.1 克的電子秤才順手。

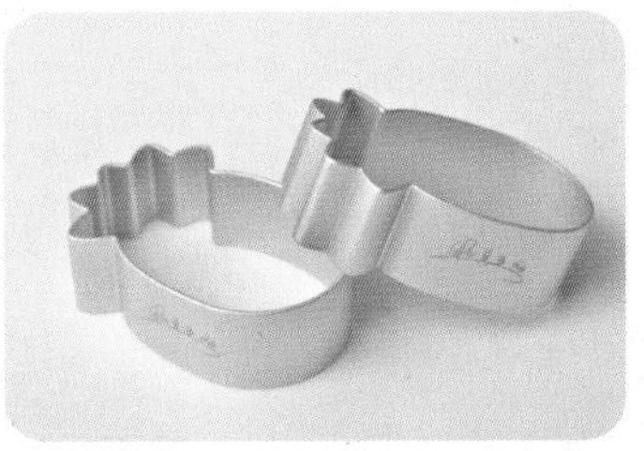

模具

市售有不少各式造型鳳梨酥模可供選擇。知名的三能鳳梨酥模具採高強度鋁合金製作，材質輕、導熱快；又有陽極處理，不易氧化，符合食品安全衛生標準；加上一體成形，非常好清洗，省時省力。

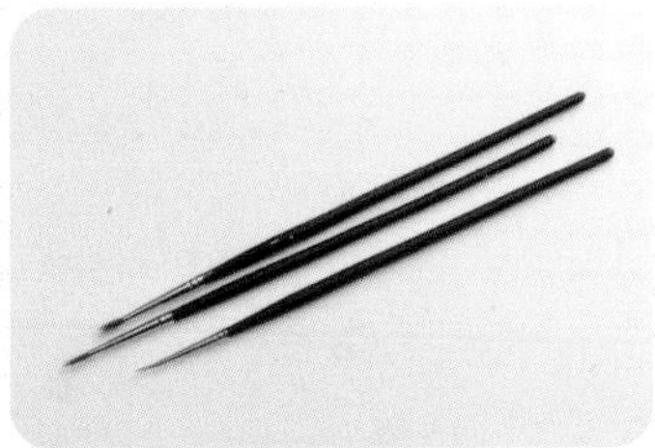

小筆刷

用來黏貼或彩繪麵團時使用。

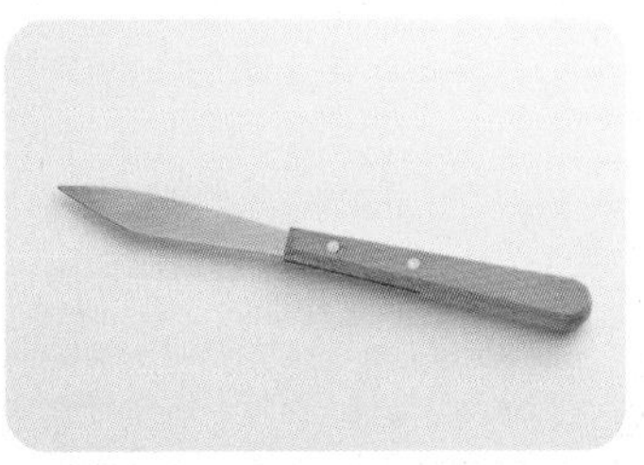

切割小刀

做鳳梨酥造型切割線條時使用，刀背可做割痕等使用。此款小刀刀鋒不利，不會輕易割傷手。

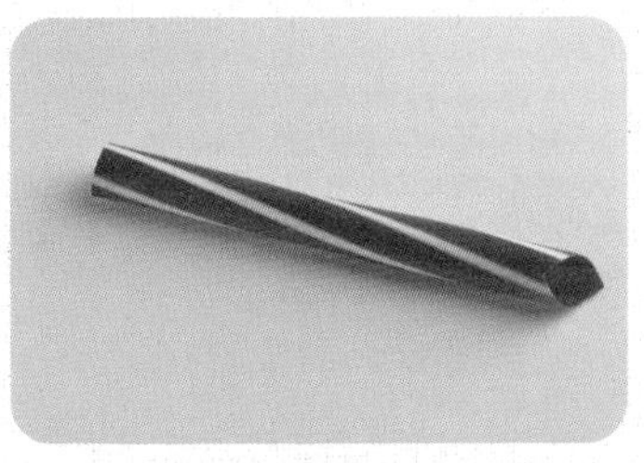

特粗吸管

用來做「小雞甜甜圈」（P.80）時，戳出中間的大洞。

手套

烘烤鳳梨酥時烤箱溫度很高，建議使用手套確保安全。

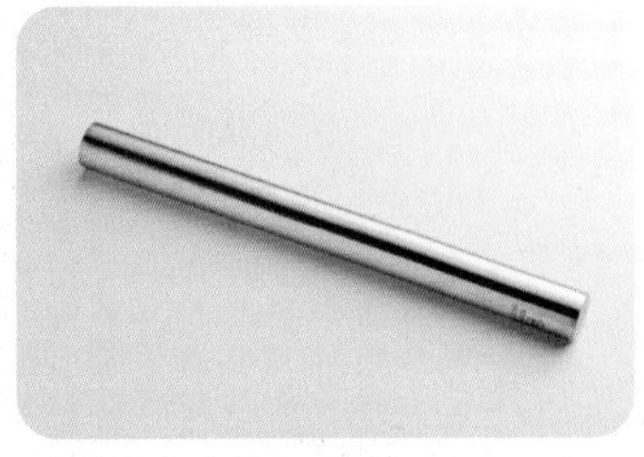

擀麵棍

擀平麵皮用。因為鳳梨酥皮體積不大，建議 30 公分長較好操作。

計時器

計時烘烤時間的最佳工具。

量匙

烘焙料理好幫手。

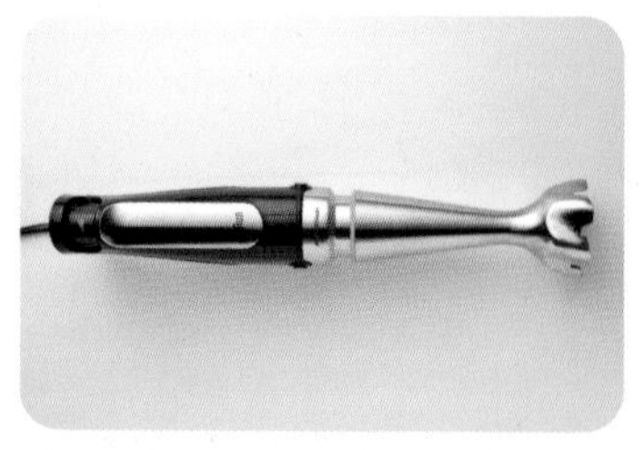

手持式食物處理機

用來攪拌鳳梨酥麵團或攪打鳳梨時使用。

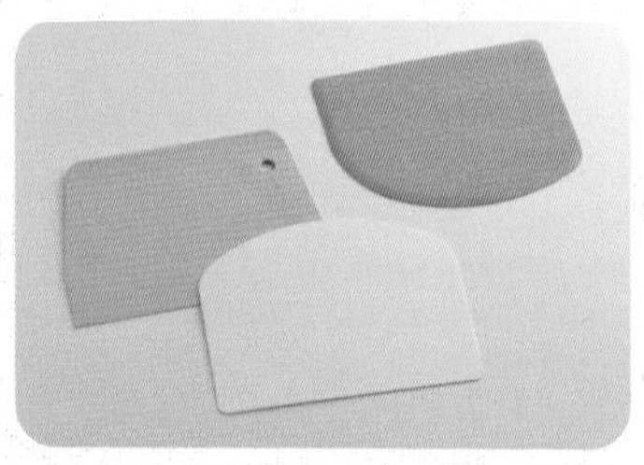

刮板

用來攪拌少量鳳梨酥皮或切割麵團時使用。

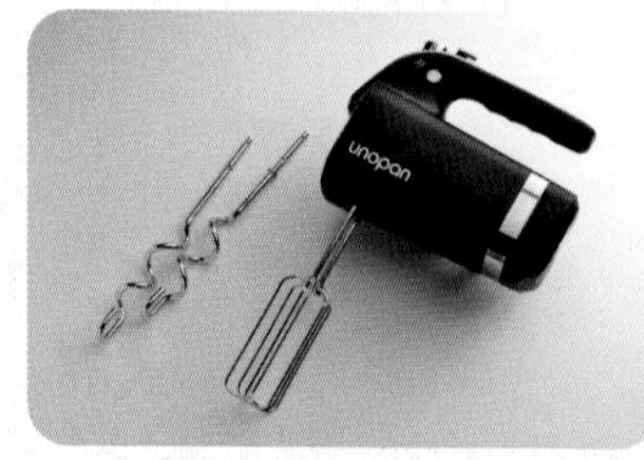

電動攪拌器

用來攪拌鳳梨酥麵團時使用。

網狀（洞洞）烤墊

烘烤鳳梨酥時使用，烤出較美的烤色。如果家中沒有網狀（洞洞）烤墊，用一般的饅頭紙（烘焙紙）也可以。

油力士紙杯

用來置放鳳梨酥成品，裝盒時更為美觀。

包裝盒

單粒鳳梨酥包裝，讓成品更具質感。

包裝袋

裝入包裝盒裡，再放入袋中，送禮就很有面子。

學會鳳梨酥製作五大基本工

最易捏塑造型鳳梨酥的兩款專屬外皮完美配方、外皮染色的方法、最好吃的無添加 9 款內餡、完美的包餡手法及烘烤細節，統統在這裡！

基本工一｜學會外皮

鳳梨酥外皮是鳳梨酥好不好吃的第一印象，美姬老師經過多次研發，終於設計出最好吃的 2 款鳳梨酥外皮配方，不論哪一款，烘烤出來的口感都酥香可口。

1 鳳梨酥外皮配方（含片栗粉）

材料 *Ingredients*

- 無鹽奶油 130 克
- 糖粉 30 克
- 鹽巴 1 克
- 全蛋 15 克
- 奶粉 20 克
- 香草精 2 克
- 低筋麵粉 120 克
- 片栗粉 120 克

鳳梨酥外皮配方（含片栗粉）

做法 *Step by Step*

01 無鹽奶油室溫軟化備用。

02 將軟化好的奶油以橡皮刮刀攪拌均勻。

03 糖粉過篩備用。

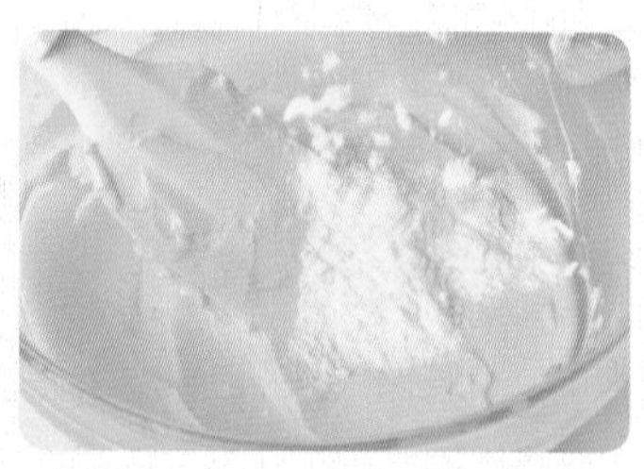

04 將糖粉加入攪拌好的奶油中。

05 再次攪拌均勻至看不到糖粉。

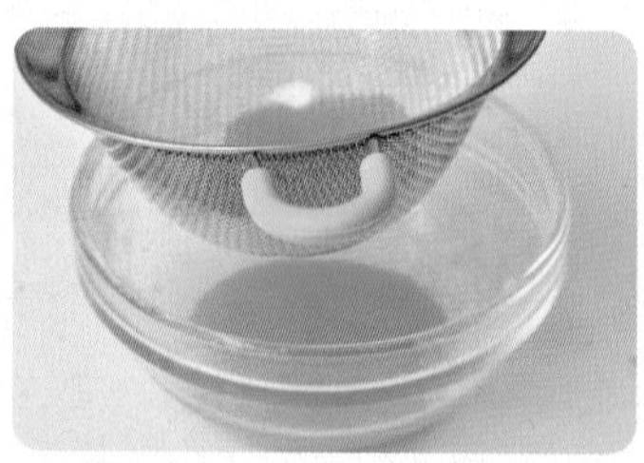

06 將全蛋液過篩。

07 將全蛋液分 2～3 次加入步驟 **05** 中。

08 每加入一次攪勻了，再加入下一次。

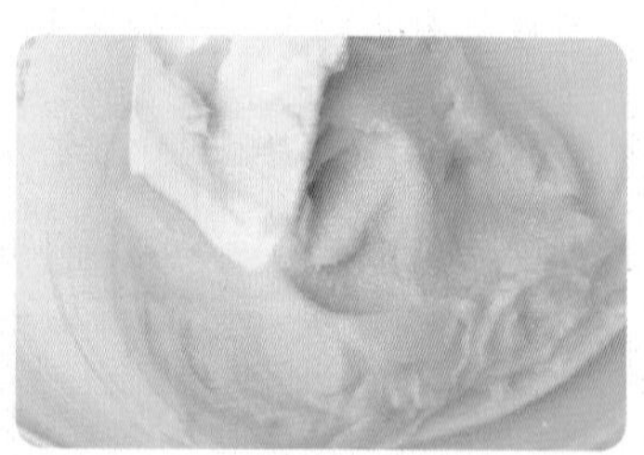

09 加入鹽巴拌勻。

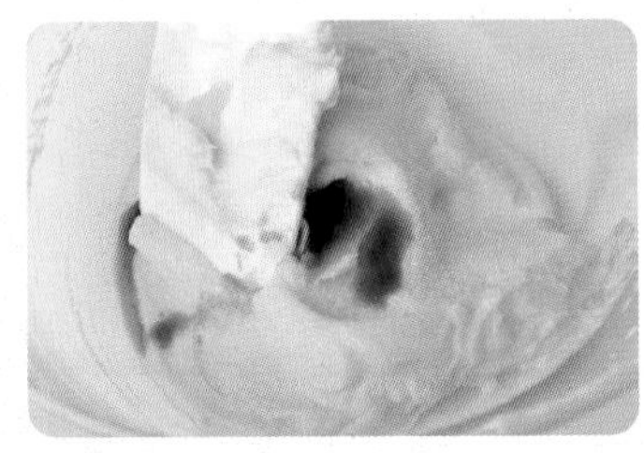

10 加入香草精拌勻。

11 加入奶粉拌勻。

12 加入片栗粉，攪拌均勻。

13 加入過篩的麵粉。

14 以切拌的方式攪拌。

15 切拌至看到剩一點點麵粉即可。

16 再用手抓成團。

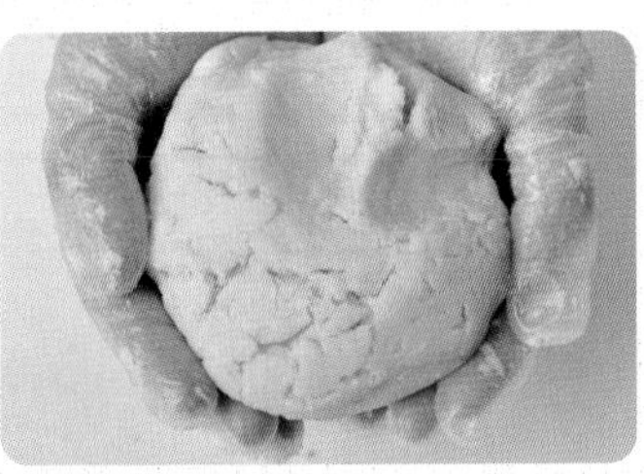

17 完成鳳梨酥麵團。

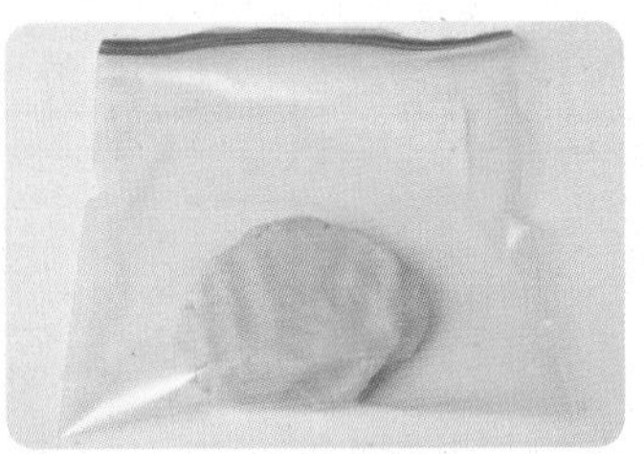

18 裝入耐冷塑膠袋中冷藏 20 分鐘即可使用。

美姬老師小叮嚀

1．步驟 **15** 之所以不要做到切拌均勻，是因為之後麵團還會搓揉，因此在此步驟無需攪勻。

2．鳳梨酥外皮製作過程不需要將奶油打發，只要將每一次拌勻做到確實即可。

鳳梨酥外皮配方（無片栗粉）

材料 *Ingredients*

- 無鹽奶油 140 克
- 糖粉 30 克
- 鹽巴 1 克
- 全蛋 15 克
- 奶粉 20 克
- 香草精 2 克
- 低筋麵粉 225 克

做法 *Step by Step*

01 將室溫軟化好的無鹽奶油以手持電動攪拌器攪拌。

02 攪拌好後，以攪拌刮刀確認攪拌均勻。

03 加入過篩的糖粉，再以手持電動攪拌器攪拌。

04 攪勻後分 2～3 次加入打散的全蛋。

05 每加入一次攪勻了，再加入下一次。

06 加入香草精及鹽後攪勻。

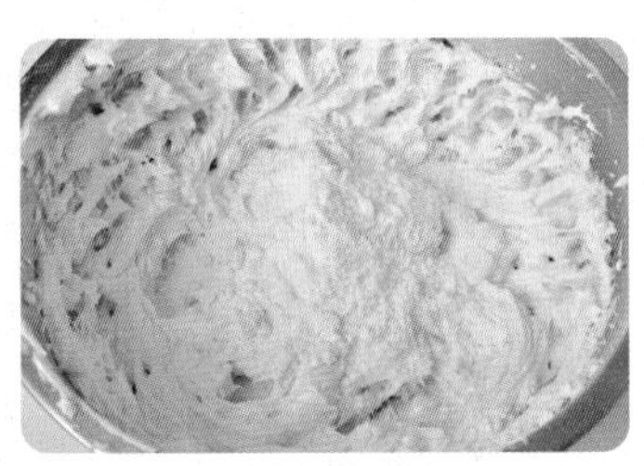

07 加入奶粉攪勻。

08 加入過篩後的低筋麵粉。

09 用攪拌刮刀以切拌方式將麵粉拌勻。

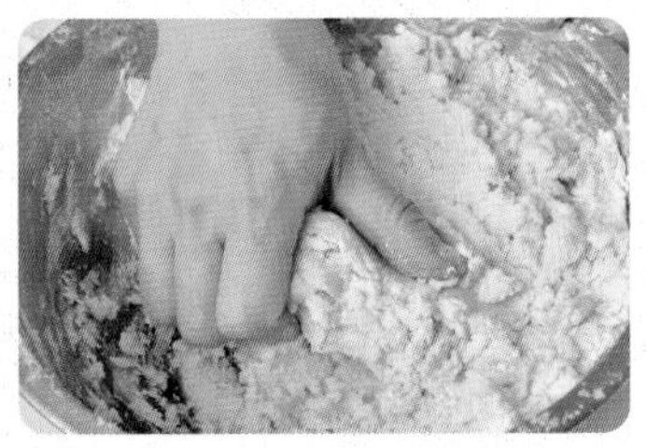

10 切拌完成後，以手抓拌。

11 直至成團。

12 成團後裝入耐冷塑膠袋中冷藏 20 分鐘即可使用。

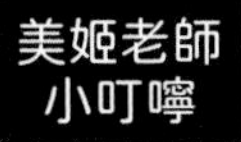

加入麵粉後不需要拌得太均勻。

基本工二｜學會染色

染色在製作造型鳳梨酥中是很重要的一環，它能讓鳳梨酥的外觀有了明顯的變化。了解天然色粉及天然蔬果粉的染色方法，製作起鳳梨酥更能得心應手。

天然色粉染色法

天然色粉的吸水性普通，通常使用等量的水，就能完美溶解。

材料 *Ingredients*

・天然色粉 1 小匙・水 1 小匙・鳳梨酥外皮適量

做法 *Step by Step*

01 取 1 小匙的天然色粉放入碗中。

02 加入 1 小匙的水。

03 攪拌均勻成膏狀。

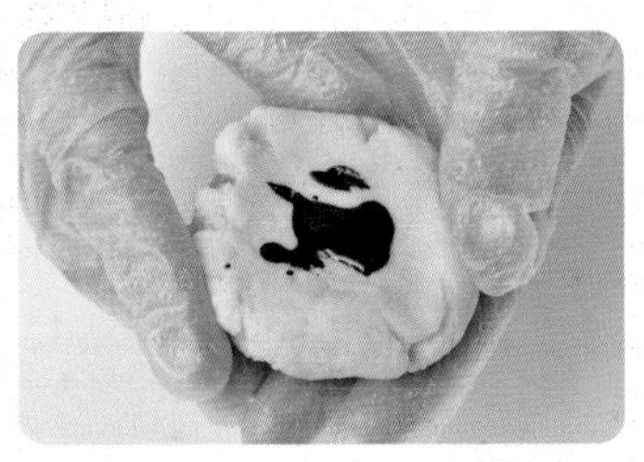

04 取些許步驟 **03** 的色膏加入外皮。

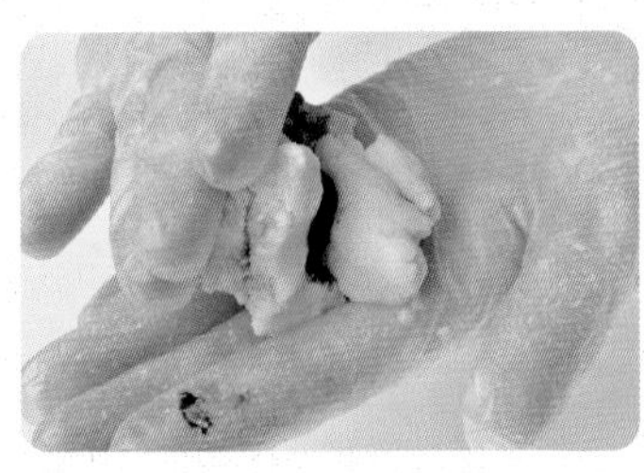

05 以反覆折疊的手法，將顏色混均勻。

06 直至顏色均勻，揉成球狀備用。

美姬老師小叮嚀 完成染色的外皮，需裝入袋子保存。

天然蔬果粉染色法

天然蔬果粉的吸水性較天然色粉大，因此需要比較多的水來溶解。

材料 *Ingredients*

・天然蔬果粉 1 小匙・水 2.5 小匙・鳳梨酥外皮適量

做法 *Step by Step*

01 取 1 小匙的天然蔬果粉放入碗中。

02 加入 2.5 小匙的水。

03 攪拌均勻成膏狀。

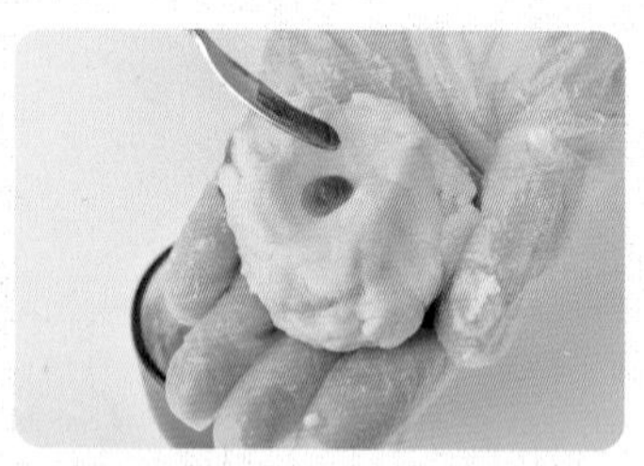

04 取些許步驟 **03** 的色膏加入外皮。

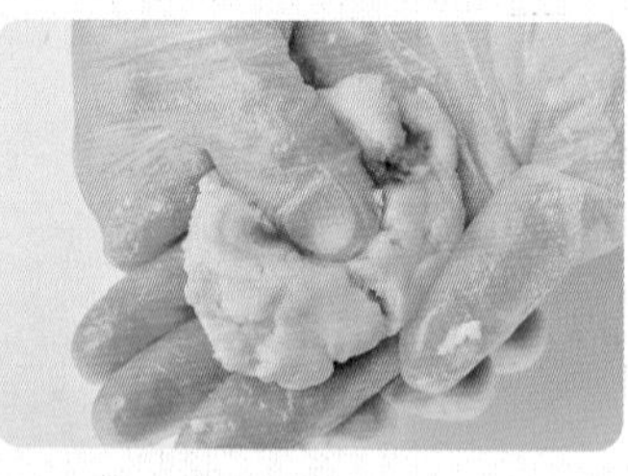

05 先以按壓方式，將色膏壓入外皮裡。

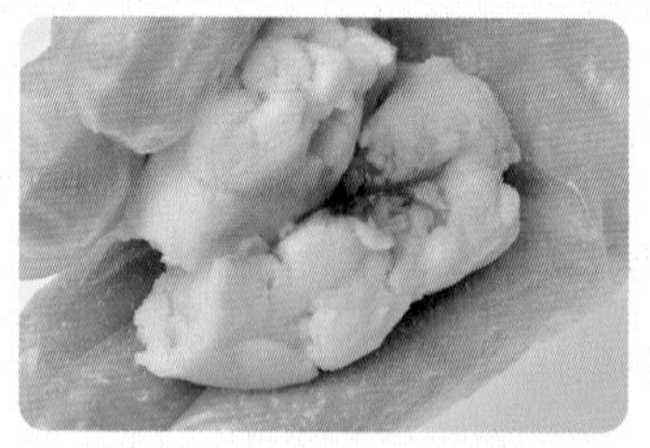

06 再將外皮折疊起來。

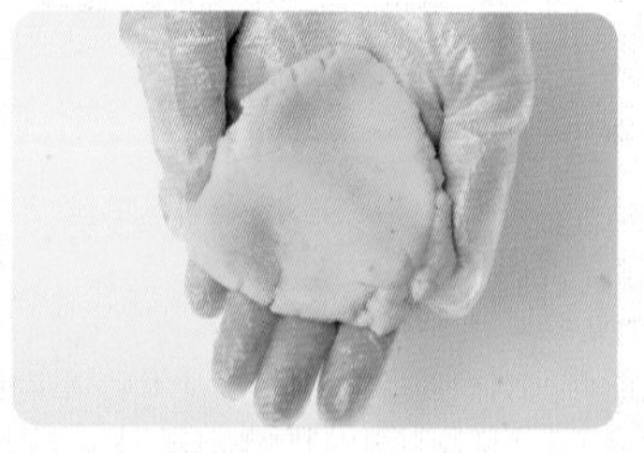

07 重複按壓、折疊的手法，將顏色混均勻。

08 直至顏色均勻，揉成球狀備用。

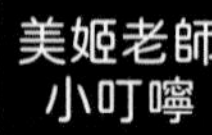

色粉中加入的水只要可以溶解色粉即可，切勿加入過量，會使外皮變得濕軟。麵團調色勿過度揉捏，利用折疊的手法盡快處理均勻即可。

3 彩色粉團調色盤

利用各種天然色粉及天然蔬果粉，先做成色膏，
再將色膏與外皮以折疊方式混勻，完成彩色麵團。

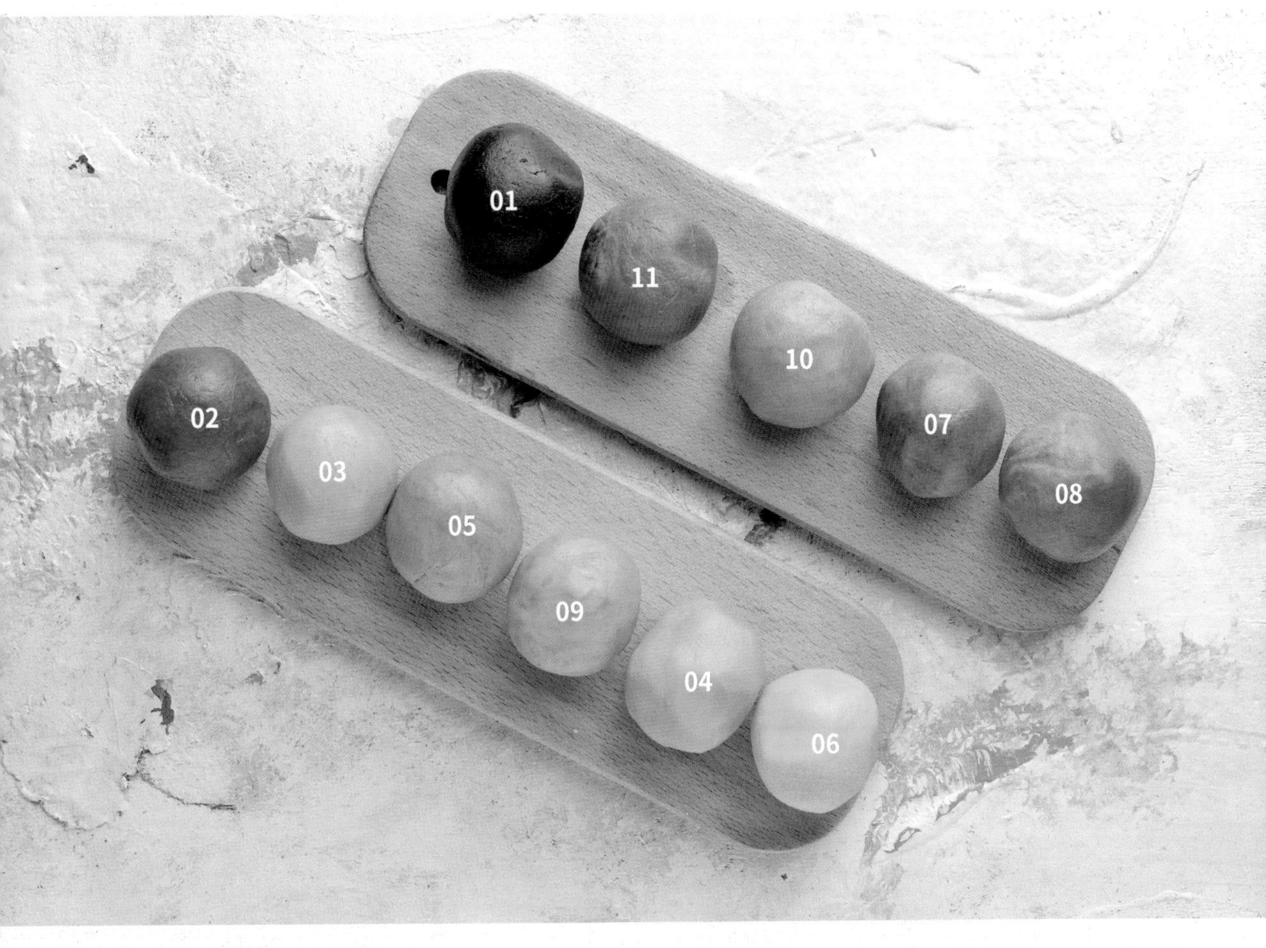

01．黑色：使用竹炭粉

02．紅色：使用紅麴色素調成

03．粉色：使用少量的紅麴色素或者仙人掌果粉調成

04．淺粉色：使用微量的紅麴色素或者仙人掌果粉調成

05．綠色：使用抹茶粉或梔子綠調成

06．黃色：使用南瓜粉、薑黃粉或黃梔子調成

07．紫色：使用紫梔子 調成

08．粉紫色：使用粉薯紫調成

09．橙色：使用足量黃梔子色粉＋紅麴色素調成

10．藍色：使用梔子藍或蝶豆花粉調成

11．棕色：使用可可粉調成

（註：上述顏色會因粉類加多加少產生不一樣的效果，同時果蔬粉每個品牌和批次的顏色也略有不同，因此只能大致說明粉團顏色如何調製，還是需要同學多加嘗試。）

基本工三｜學會內餡

內餡是鳳梨酥的靈魂，好吃的內餡有畫龍點睛的作用，因此製作出適合的鳳梨酥內餡絕對能為這點心加不少分。美姬老師特別為本書設計了 9 款內餡，並以「手炒鳳梨餡」為例，圖文示範告訴讀者如何製作。9 款都是完全手工無添加的美味，一定要試試！

（註：9 款內餡的保存期限皆是冷藏 7 天、冷凍 1 個月）

手炒鳳梨餡

台灣鳳梨品種多，喜歡甜度高的，可以選「金鑽」；若是想要酸味較多的，土鳳梨是很棒的選擇。

材料 *Ingredients*

- 金鑽鳳梨 1000 克・黃冰糖 60 克・檸檬汁 2 克
- 麥芽糖 50 克・無鹽奶油 10 克

做法 *Step by Step*

01 將鳳梨去皮。

02 先將鳳梨果肉切成小塊。

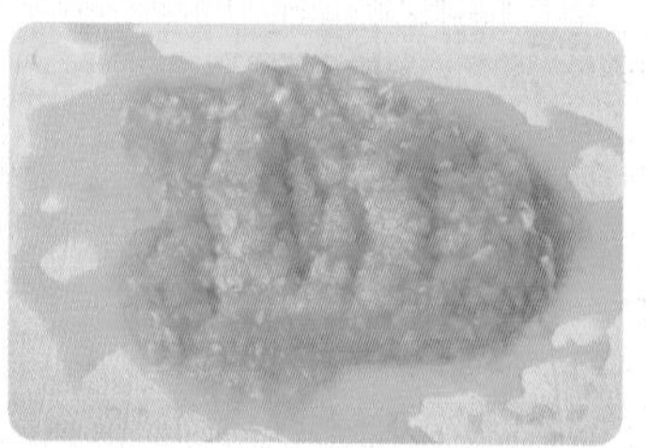

03 再切成薄片細絲後，切成末。

04 家中若有手持式食物處理機（或果汁機），也可以直接將其攪碎。

05 切成末或用處理機打碎的鳳梨先用網篩濾掉部分果汁。

06 靜待 3 分鐘後，可將大部分的水分濾掉，僅剩果泥。

07 將果泥置於平底鍋中。

08 先用大火收汁。

09 待水分減少一半時。

10 加入冰糖繼續以大火收汁。

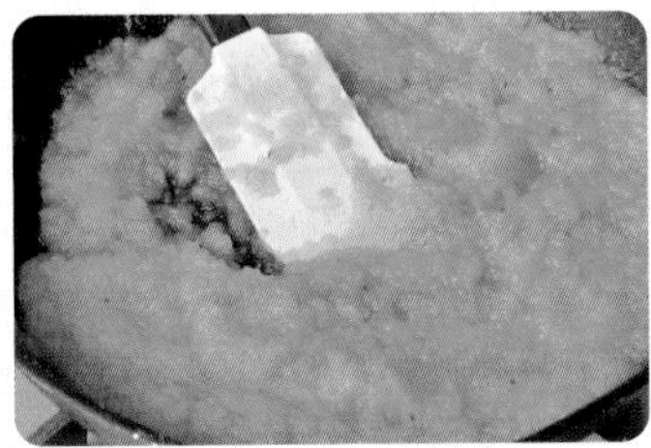

11 當水分再次減少一半時。

12 加入麥芽糖。

13 改以小火慢炒。

14 待麥芽糖炒至化開後加入檸檬汁。

15 炒至完全收乾，顏色呈黃褐色（約 40 分鐘）。

16 加入無鹽奶油。

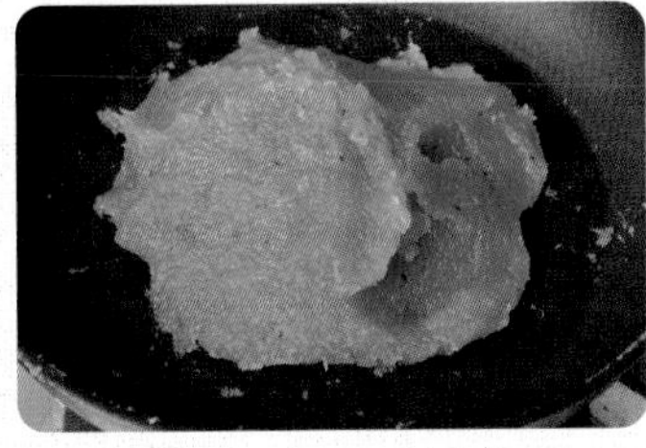

17 炒至可以堆成山狀即可。

18 完成後約有 300 克內餡，可放入密封袋保存，冷藏可以保存 7 天，冷凍可以保存 1 個月。

步驟 **14** 加入麥芽糖後，炒製過程中，需注意湯汁噴濺，建議戴長手套較為安全。

2 桂花鳳梨餡

加入桂花的香氣，讓鳳梨內餡有了更迷人的滋味！

材料 *Ingredients*

- 金鑽鳳梨 1000 克
- 黃冰糖 80 克・檸檬汁 2 克
- 麥芽糖 50 克・無鹽奶油 10 克
- 桂花 1.5 克

做法 *Step by Step*

01 將桂花放入篩網，以流動的清水沖洗，去掉表面灰塵，用廚房紙巾擦乾備用。

02 鳳梨去皮，先將鳳梨果肉切成小塊，再切成末。

03 家中若有手持式食物處理機（或果汁機），也可以直接將其攪碎。

04 切成末或用處理機打碎的鳳梨先用網篩濾掉部分果汁。

05 靜待 3 分鐘後，可將大部分的水分濾掉，僅剩果泥。

06 將果泥置於平底鍋中，先用大火收汁。

07 待水分減少一半時，加入冰糖繼續以大火收汁。

08 當水分再次減少一半時，加入麥芽糖。

09 改以小火慢炒，待麥芽糖炒至化開後加入檸檬汁。

10 炒至完全收乾，顏色呈黃褐色（約 40 分鐘）。

11 加入無鹽奶油炒至可堆成山狀即可。

12 加入洗淨的桂花，略微翻炒至有桂花香氣即可出鍋。

★ 小叮嚀 成品約 300 克，完成後可放入密封袋保存，冷藏可以保存 7 天，冷凍可以保存 1 個月。

3 奶油紅豆餡

甜蜜蜜的紅豆餡，

包在鳳梨酥中也非常對味！

材料 *Ingredients*

- 紅豆 200 克・二砂糖 50 克
- 無鹽奶油 50 克・海鹽 0.5 克

做法 *Step by Step*

01 紅豆放入鍋中泡水 6 ～ 8 小時。

02 紅豆泡開後，瀝乾水分，加入沒過紅豆的水，放入電鍋中蒸熟。

03 蒸熟的紅豆用調理機打碎後過篩。

04 紅豆泥放入厚底鍋中拌炒至水分略微收乾。

05 加入二砂糖炒至糖融解。

06 再加入無鹽奶油炒至油脂吸收。

07 最後撒入海鹽炒至呈現小山狀即可。

4 奶油芋泥餡

芋泥控的最愛，不甜不膩，

非常好吃！

材料 *Ingredients*

・芋泥 300 克・細砂糖 50 克・麥芽糖 20 克
・鹽 1 克・無鹽奶油 40 克・紫薯粉 5 克

做法 *Step by Step*

01 芋頭蒸熟，用果汁機打碎成泥狀。

02 鍋中加入奶油、細砂糖、麥芽糖、鹽，以小火加熱至奶油融解。

03 加入芋泥拌炒。

04 最後加入紫薯粉拌勻即可。

5 鳳梨金沙餡

有鹹蛋黃的香，卻沒有它可怕的膽固醇。這鹹甜的內餡會讓人一口接一口！

材料 *Ingredients*

・金鑽鳳梨 1000 克
・黃冰糖 50 ～ 80 克
・檸檬汁 2 克・麥芽糖 50 克
・無鹽奶油 10 克
・鹹蛋黃 30 克

做法 *Step by Step*

01 鹹蛋黃噴上少許米酒，以 160°C的烤溫烘烤 15 分鐘，取出放涼後，以篩網過濾，保留底部細緻的金沙。

02 鳳梨去皮，先將鳳梨果肉切成小塊，再切成末。

03 家中若有手持式食物處理機（或果汁機），也可以直接將其攪碎。

04 切成末或用處理機打碎的鳳梨先用網篩濾掉部分果汁。

05 靜待 3 分鐘後，可將大部分的水分濾掉，僅剩果泥。

06 將果泥置於平底鍋中，先用大火收汁。

07 待水分減少一半時，加入冰糖繼續以大火收汁。

08 當水分再次減少一半時，加入麥芽糖。

09 改以小火慢炒，炒至顏色呈黃褐色（約 40 分鐘）。

10 加入無鹽奶油，炒至奶油融解均勻。

11 加入金沙拌炒均勻。

12 炒至可堆成山狀即可。

★ **小叮嚀** 鹹蛋黃要先噴酒精烘烤過，才不會有蛋腥味。

百香果鳳梨餡

加入百香果，鳳梨酥有了滿滿的夏天鮮滋味！

材料 *Ingredients*

・金鑽鳳梨 1000 克・百香果泥 50 克・黃冰糖 80 克
・麥芽糖 50 克・無鹽奶油 10 克

做法 *Step by Step*

01 百香果數個，剝半過篩取出果汁備用。
02 鳳梨去皮，先將鳳梨果肉切成小塊，再切成末。
03 家中若有手持式食物處理機（或果汁機），也可以直接將其攪碎。
04 切成末或用處理機打碎的鳳梨先用網篩濾掉部分果汁。
05 靜待 3 分鐘後，可將大部分的水分濾掉，僅剩果泥。
06 將果泥置於平底鍋中，先用大火收汁。
07 待水分減少一半時，加入冰糖繼續以大火收汁。
08 當水分再次減少一半時，加入麥芽糖。
09 改以小火慢炒，炒至呈金黃色時加入百香果汁。
10 炒至完全收乾，顏色呈黃褐色（約 40 分鐘）。
11 加入無鹽奶油炒至可堆成山狀即可。
12 完成後約有 300 克內餡，可放入密封袋保存，冷藏可以保存 7 天，冷凍可以保存 1 個月。

★ **小叮嚀** 百香果汁建議去籽，賣相較佳。

鹹蛋黃肉鬆餡

鹹蛋黃加上肉鬆，是絕配的好滋味！

材料 *Ingredients*

・鹹蛋黃 100 克・奶粉 20 克・無鹽奶油 50 克
・細砂糖 20 克・肉鬆 30 克・白芝麻 10 克

桂圓核桃鳳梨餡

加了桂圓及核桃，這個鳳梨餡風味更有層次。

材料 *Ingredients*

・金鑽鳳梨 1000 克・桂圓 20 克・蜜核桃 20 克
・黃冰糖 80 克・檸檬汁 2 克・麥芽糖 50 克・無鹽奶油 10 克

做法 *Step by Step*

01 桂圓切碎備用。
02 鳳梨去皮，先將鳳梨果肉切成小塊，再切成末。
03 家中若有手持式食物處理機（或果汁機），也可以直接將其攪碎。
04 切成末或用處理機打碎的鳳梨先用網篩濾掉部分果汁。
05 靜待 3 分鐘後，可將大部分的水分濾掉，僅剩果泥。
06 將果泥置於平底鍋中，先用大火收汁。
07 待水分減少一半時，加入冰糖繼續以大火收汁。
08 當水分再次減少一半時，加入麥芽糖。
09 以小火慢炒，待麥芽糖炒至融解後，加入檸檬汁及切碎的桂圓拌炒。
10 炒至完全收乾，顏色呈金黃色，加入無鹽奶油。
11 再炒至顏色呈黃褐色，加入蜜核桃。
12 拌炒均勻即可出鍋。

★ **小叮嚀** 如果買不到蜜核桃，可以將生核桃上下火 120°C烘烤 20 分鐘，拍碎即可。

做法 *Step by Step*

01 鹹蛋黃噴上少許米酒，以 160°C的烤溫烘烤 15 分鐘，取出放涼後，以篩網過濾，保留底部細緻的金沙。
02 鍋子加入奶油、細砂糖，以小火加熱到奶油融解。
03 加入奶粉、金沙拌勻。
04 最後再加入肉鬆及白芝麻拌勻即可。

9 蘋果餡

不同於鳳梨餡的酸，蘋果有一股清新的滋味，非常獨特。

材料 *Ingredients*

- 蘋果 300 克・肉桂粉 3 克・細砂糖 50 克
- 海鹽 1 克・無鹽奶油 30 克

做法 *Step by Step*

01 蘋果去皮去核，切成直徑 1 公分的薄片。

02 加入鹽、糖，靜置 20 分鐘出水。

03 鍋子加入無鹽奶油和醃漬過的蘋果片，以小火慢炒至黃褐色。

04 最後加入肉桂粉拌勻即可。

基本工四｜學會包餡

有了完美的鳳梨酥外皮、天然無添加的內餡，要開始學習如何用外皮把內餡包裹起來。計算外皮與內餡比例、如何包餡，都是製作鳳梨酥相當重要的一環。

1 計算外皮與內餡比例

餅皮和內餡的完美組合，一直是鳳梨酥業者不可說的祕密。有人說要以餅皮：內餡＝1：1 的方法包裹最好吃；也有人說是餅皮：內餡＝1：0.8，吃起來滋味最棒。美姬老師嘗試過多次，真心建議以書中配方做出來的餅皮及內餡，以餅皮：內餡＝3：2 包裹出來最令人讚不絕口！

材料 *Ingredients*

- 外皮適量・內餡適量

工具 *Tool*

- 模具 1 個

做法 *Step by Step*

01 取出一個模具。

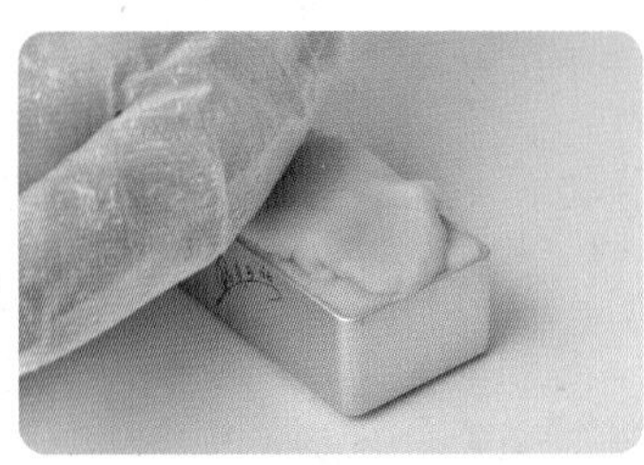

02 將外皮填滿整個模具。

03 用刮皮切除多餘的部分。

04 將外皮從模具中取出。

05 秤出整個模具容量為36克。

06 整個模具容量為36克，分給外皮＋內餡，以外皮：內餡＝3：2，推算出外皮22克、內餡14克。

2 基礎包餡及入模手法

包餡的過程中有一些小祕訣，老師統統會告訴大家，一起來學習吧！

材料 *Ingredients*

・外皮18克・內餡12克

做法 *Step by Step*

01 準備好材料及模具備用。

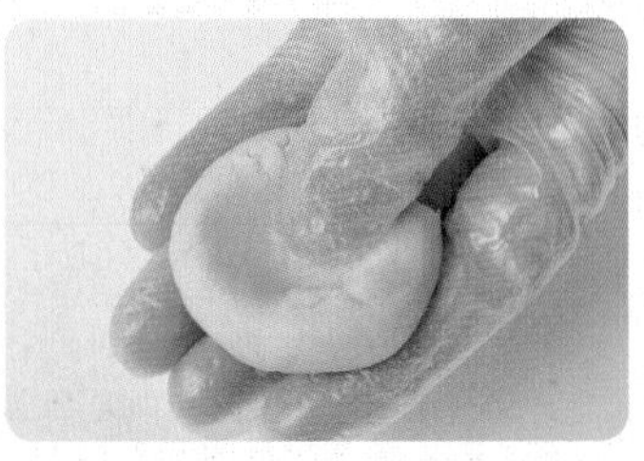

02 用拇指將外皮壓出一個小洞。

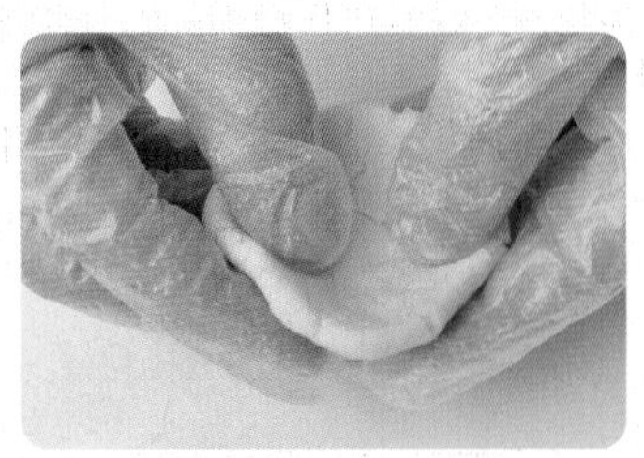

03 慢慢將外皮往外壓，做出圓餅狀。

04 將內餡放入圓餅裡。

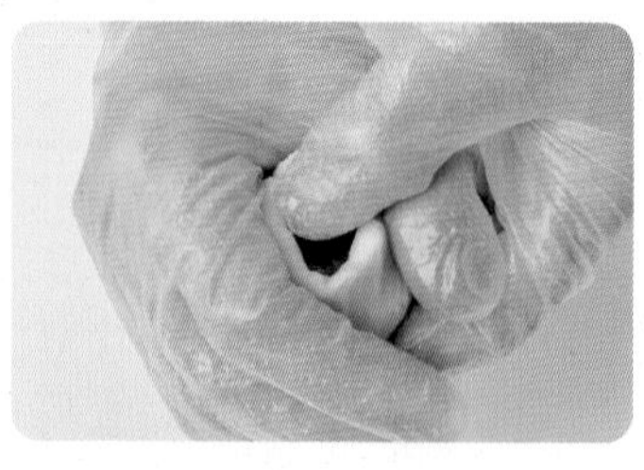

05 利用虎口將外皮由下向上延展。

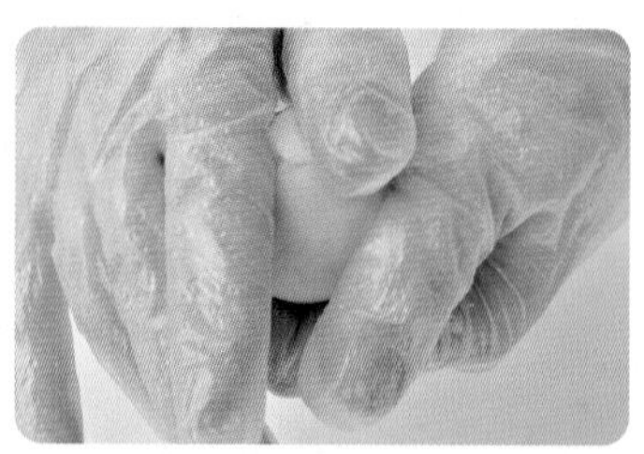

06 最後將口從四周推至密合，並將密合處壓扁。

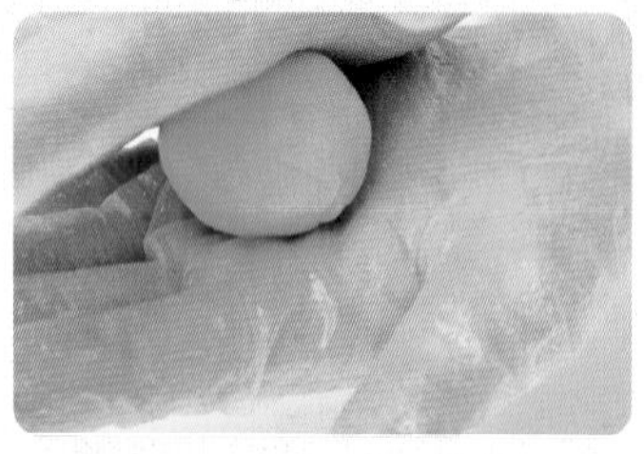

07 雙手輕柔地將外皮滾至光亮。

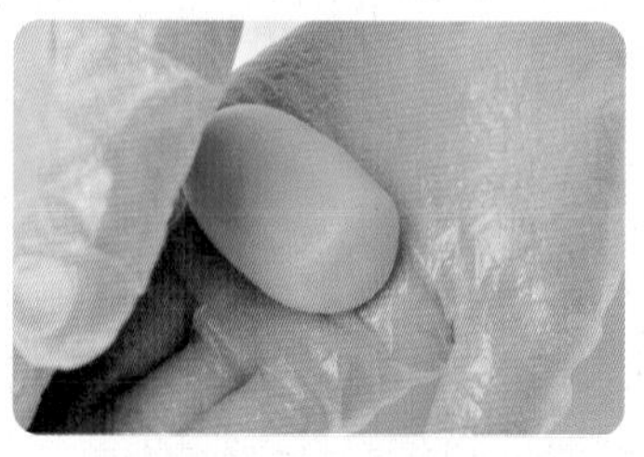

08 使用長方形（或長條狀）模具，將麵團搓成圓柱形。

09 再將圓柱形麵團放入模具中。

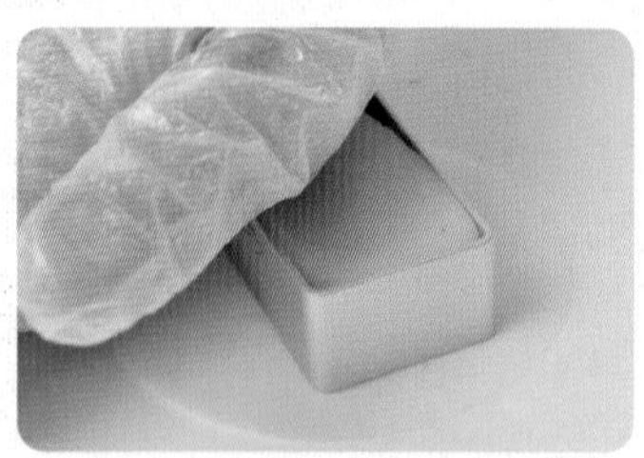

10 利用掌根慢慢將麵團壓扁，布滿整個模具。

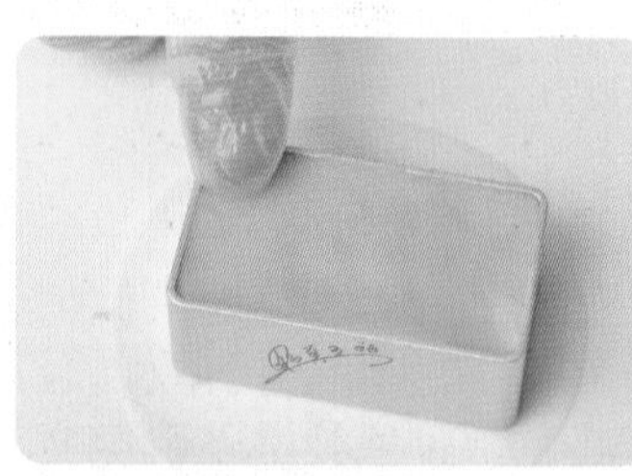

11 四周仔細用手指將麵團填滿。

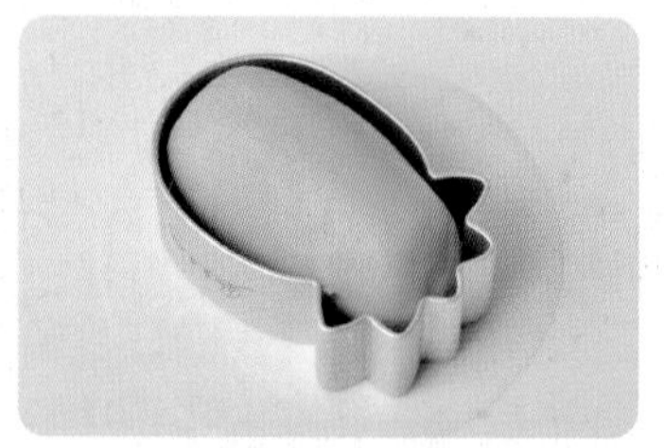

12 使用有形狀的模具，則揉出模具最長的圓柱體放入。

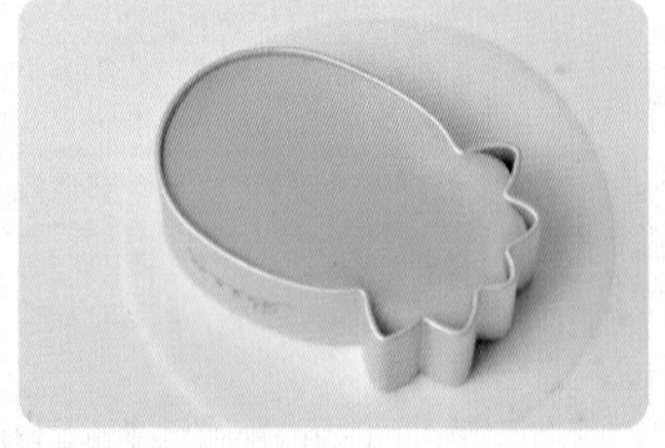

13 將麵團仔細填滿整個模具。

14 使用正方形模具，則揉出圓形，放入模具中即可。

15 再仔細將麵團填滿整個模具。

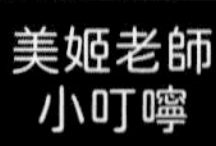

步驟 **02** ～ **03** 可以省略，直接將麵團壓扁即可。

基本工五｜學會烘烤

包好或做好各種造型鳳梨酥，要執行最後一步——入爐烘烤。烘烤有什麼注意事項呢？

烘烤是鳳梨酥成品的最後一哩路，但美姬老師還是有不少注意事項要交代：

1 **烘焙烤溫：**鳳梨酥的烘烤方法很簡單，只要將烤箱預熱至上下火各 160°C，把成品放入中下層，烘烤 25 分鐘即可。（圖 **A**）

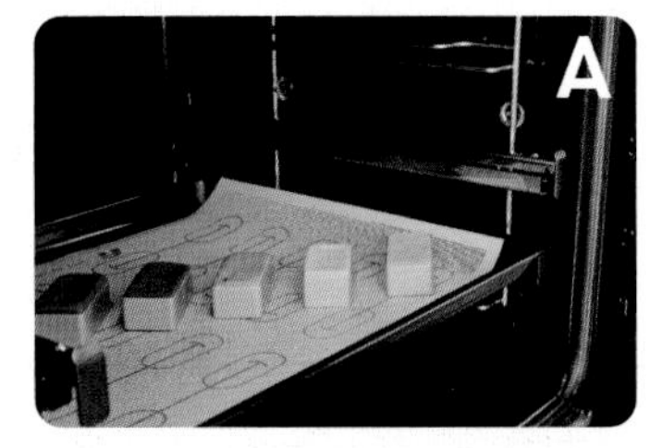

A

2 **爐溫差異：**要注意的是，每個烤箱溫度都有些差異，建議使用烤箱溫度計測量，待達溫後再入爐烘烤。如果自家烤箱上火或下火過於熱情或烤溫較低，還可以稍微調整烤溫。假設烘烤時間到，先翻開鳳梨酥底部，確認底色是否合格；或者切一塊看看是否烤熟。（圖 **B**）

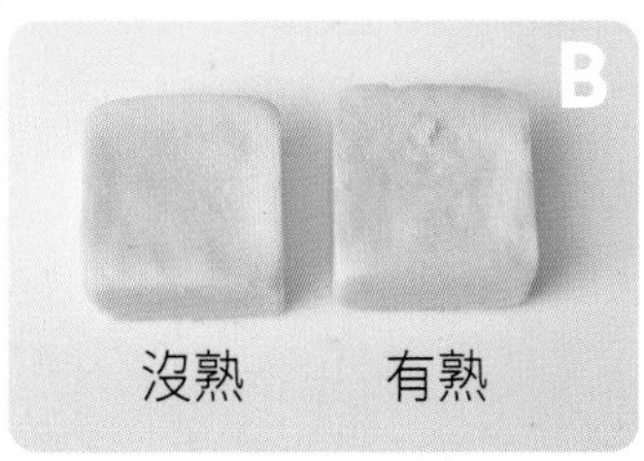

B

3 **避免過度上色：**如果家中烤箱上火太熱情，可以幫鳳梨酥蓋上錫箔紙，但要注意的是，直接將錫箔紙蓋上，很容易黏住鳳梨酥的表皮，待烘烤後撕開，表面就容易破損。建議以錫箔紙做一個ㄇ字形的模具，保護鳳梨酥不過度上色。（圖 **C**）

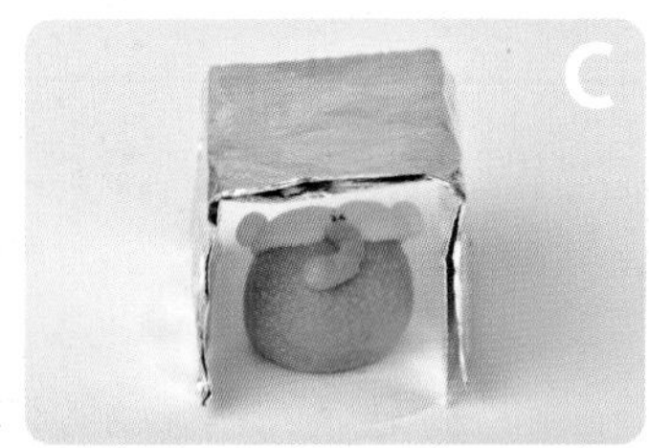

C

4 **翻面與否與脫模：**套著模具一起烘烤的平面無造型鳳梨酥，建議烘烤 10 分鐘後翻面，再繼續烘烤。這是為了讓雙面的烤色較為平均；至於書中 2D 及 3D 造型鳳梨酥，則不需翻面烘烤。（圖 **D**）出爐後等待稍涼，很容易就可以將鳳梨酥從模具中脫離。（圖 **E**）

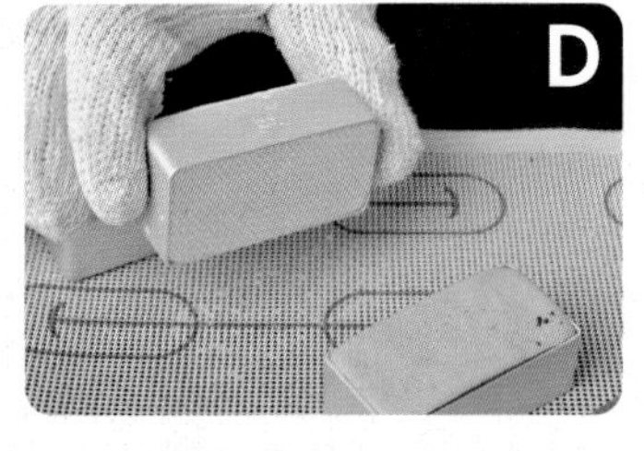

D

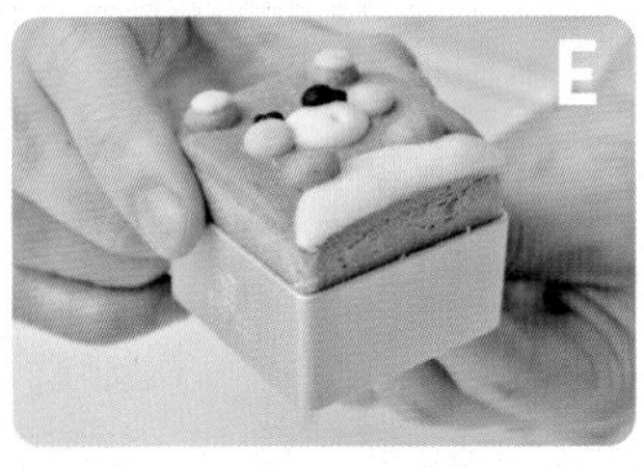

E

5 **烤墊建議：**至於烤墊，老師習慣使用網狀（洞洞）烤墊，這種烤墊受熱較為平均，容易將成品烤熟，烤色也較美。

PART 2
平面造型鳳梨酥

旺萊鳳梨酥

中階

鳳梨做內餡，做鳳梨造型，這鳳梨酥絕對讓你福氣旺旺來！

材料 *Ingredients*

・淡黃色麵團 21 克・綠色麵團 1 克・紅色麵團 0.5 克・內餡 17 克

做法 Step by Step

01 準備好材料，分別滾圓備用。

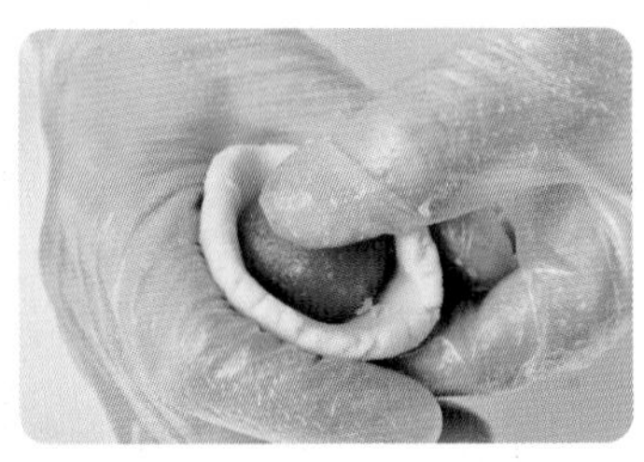

02 將淡黃色麵團壓扁，包入內餡。

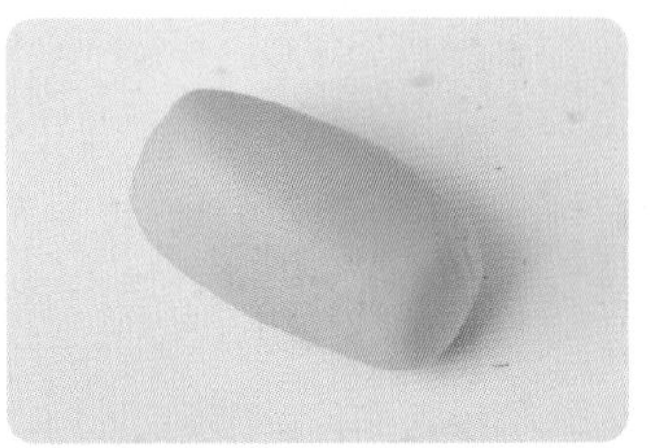

03 滾圓後搓成圓柱狀。

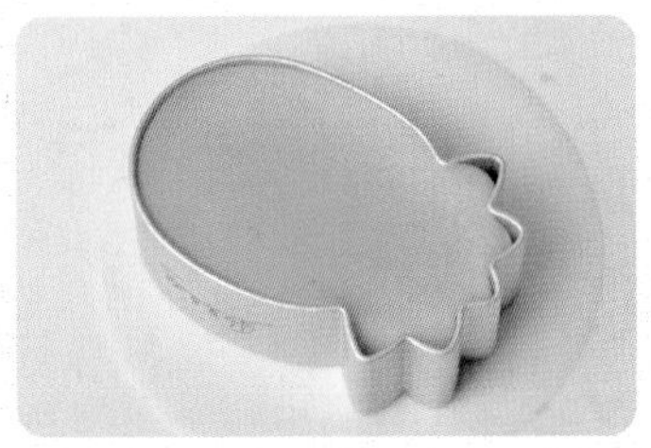

04 置於鳳梨造型模具中，填滿整個模具。

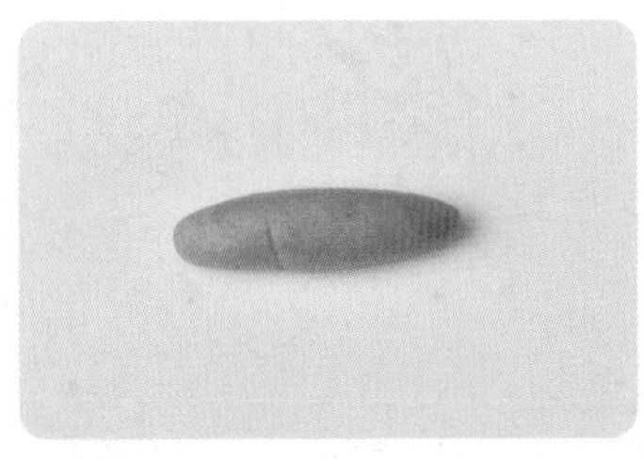

05 取綠色麵團搓成橢圓形。

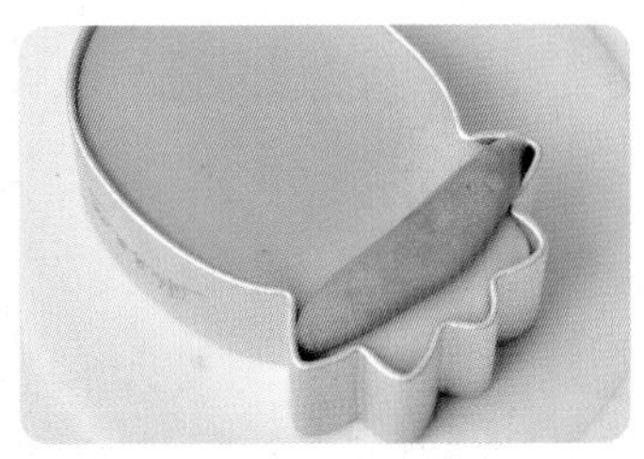

06 放入模具上方葉子部位。

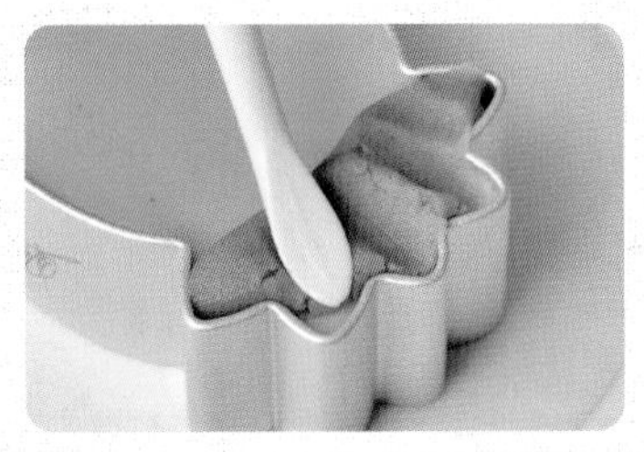

07 用雕塑工具仔細地將綠色填滿模具上方。

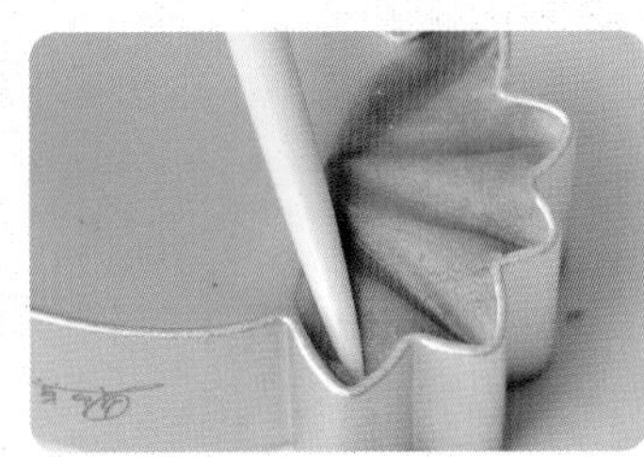

08 再用雕塑工具做出葉子紋路。

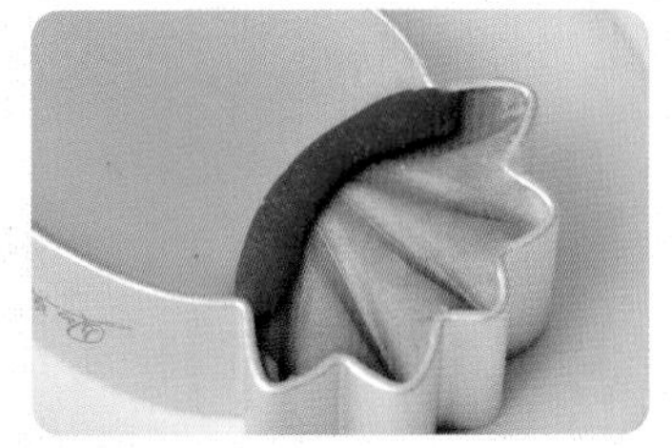

09 取紅色麵團搓成線條，貼在葉子下方。

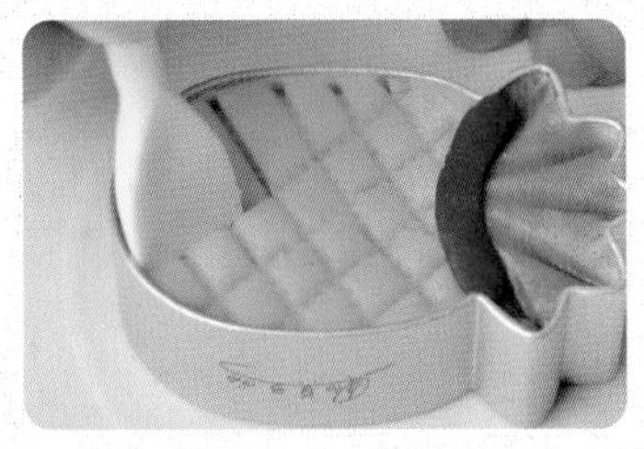

10 用雕塑工具在鳳梨身體上壓出格紋。

11 再用雕塑工具在格紋裡刺一個小點。

12 造型完成，入爐烘烤（見 P.33）。

長頸鹿紋

初階

簡單的造型，加上一點變化，成就這塊鳳梨酥的質感。

材料 *Ingredients*　・黃色麵團 30 克・棕色麵團 3 克・內餡 20 克

做法 Step by Step

01 準備好材料，分別滾圓備用。

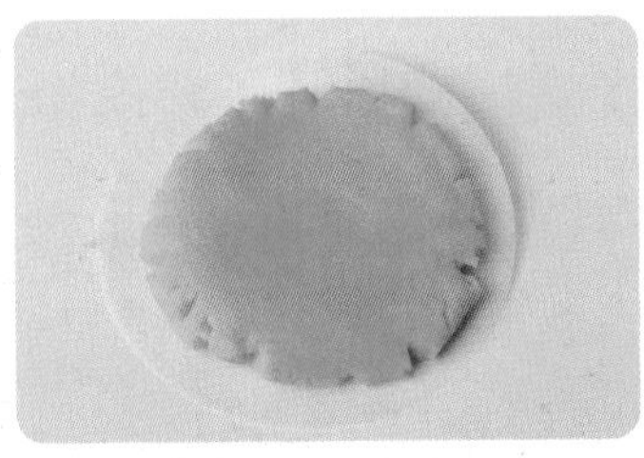

02 黃色麵團壓扁，置於烘焙紙上。

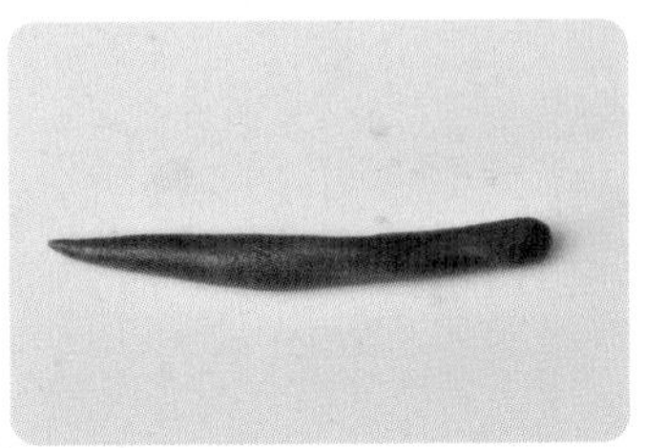

03 將棕色麵團搓成粗長條。

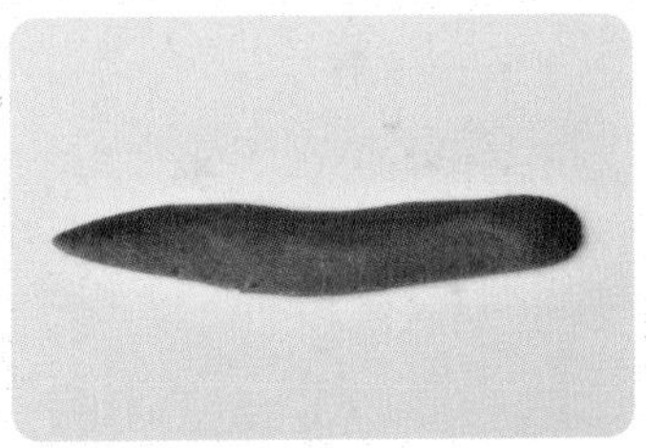

04 再將長條略微壓扁。

05 切成大小不一的小丁。

06 取出小丁，貼在黃色麵皮上壓扁。

07 將步驟 06 翻面，包入內餡。

08 滾成光亮的圓球。

09 放入方形模具。

10 將麵團壓扁，造型完成，入爐烘烤（見 P.33）。

美姬老師小叮嚀 黃色及棕色顏色的深淺可以自行變化。

粉紅豹紋

初階

簡單的麵團，加一點巧思，創造出獨特的紋路。

材料 *Ingredients*

・粉色麵團 30 克・黑色麵團 2 克・深粉色麵團 0.5 克・內餡 20 克

做法 Step by Step

01 準備好材料，分別滾圓備用。

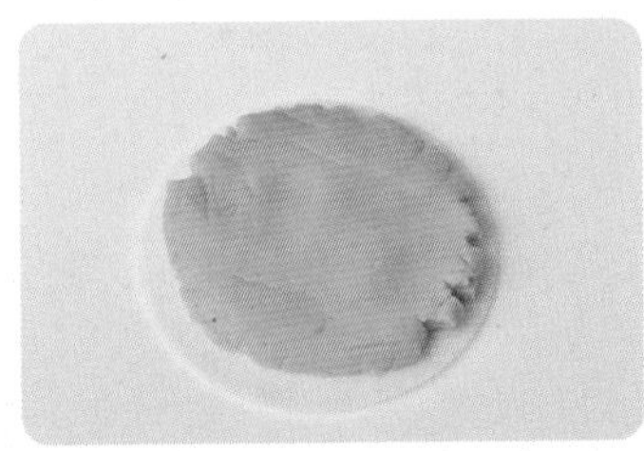

02 將粉色麵團壓扁，置於烘焙紙上。

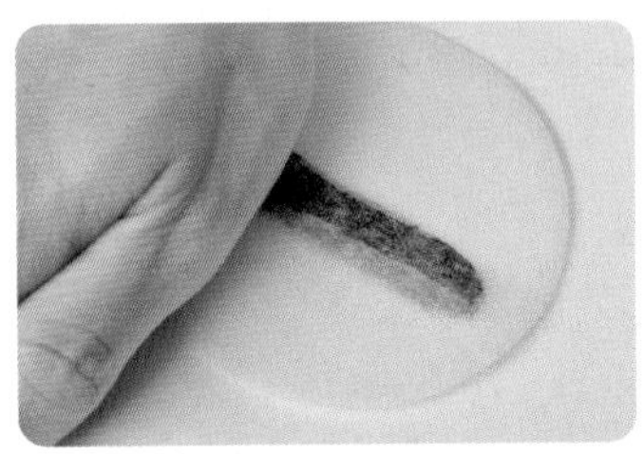

03 將黑色麵團搓成長條狀，覆蓋烘焙紙壓扁備用。

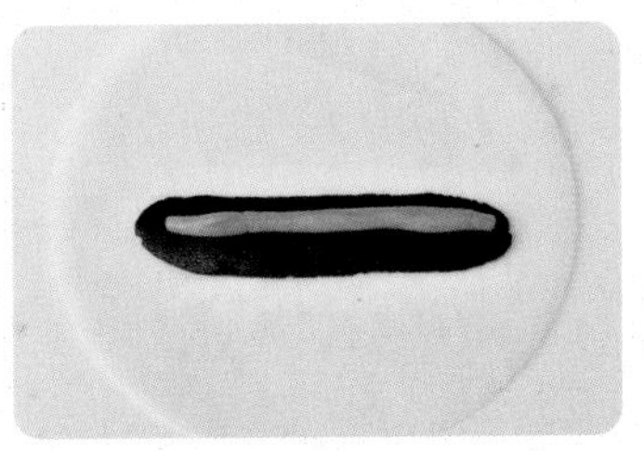

04 將深粉色麵團搓長，置於步驟 03 上。

05 以烘焙紙直接對折。

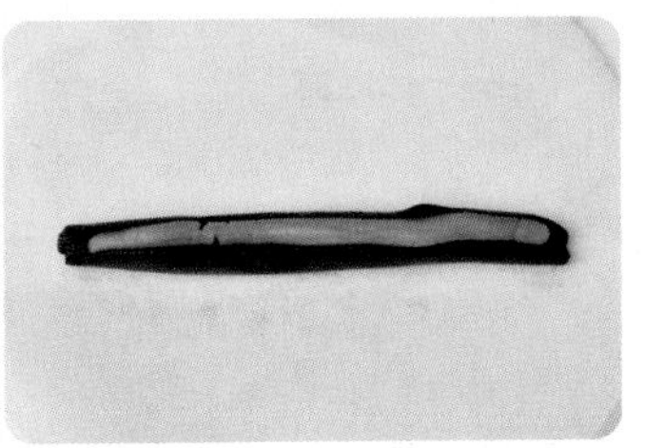

06 包裹住約 2/3 的深粉色麵團。

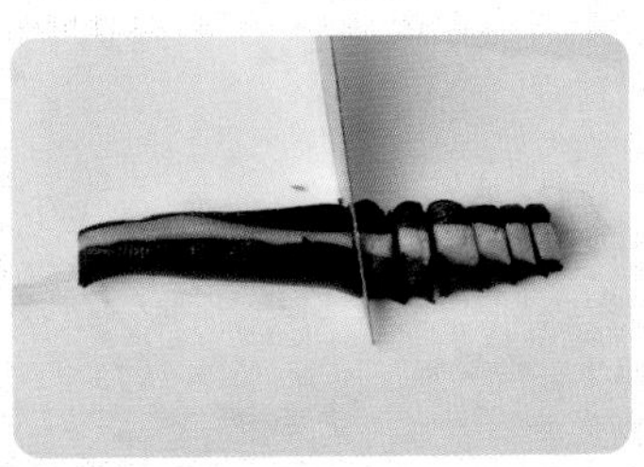

07 將步驟 06 長麵條先切掉頭尾，再切成小段備用。

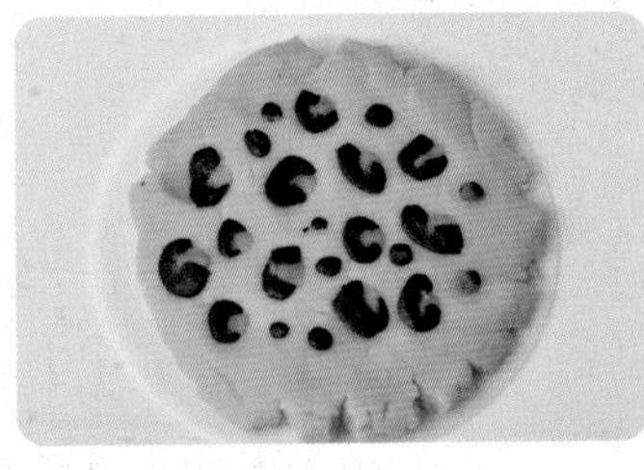

08 取小段分別貼在步驟 02 上壓扁，空隙處可綴上些黑點。

09 將步驟 08 翻面，包入內餡，滾成光亮的圓球。

10 放入方形模具壓扁，造型完成，入爐烘烤（見 P.33）。

美姬老師小叮嚀　也可以做成黃色豹紋唷！

斑馬紋

初階

簡單的幾個線條，就能做出不一樣的鳳梨酥！

材料 Ingredients

・白色麵團 30 克・黑色麵團 2 克・內餡 12 克

做法 Step by Step

01 準備好材料，分別滾圓備用。

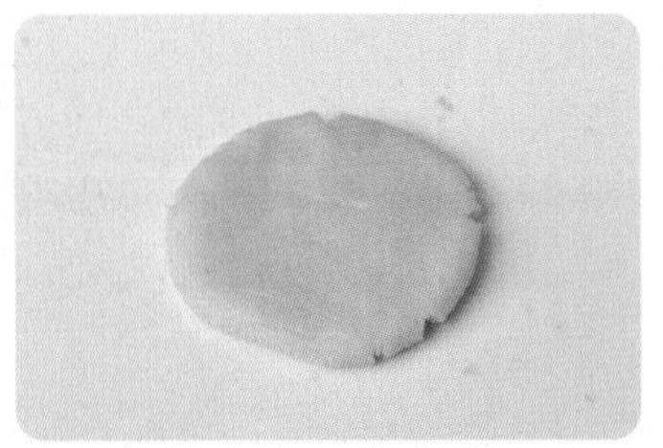

02 將白色麵團壓扁。

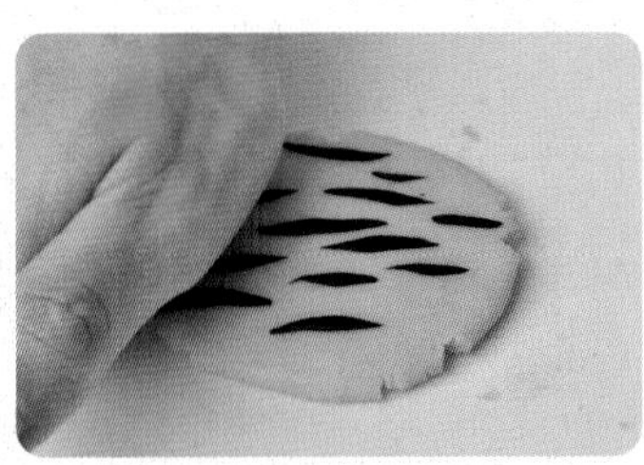

03 黑色麵團搓成細長條，隨意貼在步驟 02 上，略微壓扁。

04 將麵皮翻面，包入內餡，滾成光亮的圓球。

05 放入方形模具壓扁。

06 斑馬紋造型完成，入爐烘烤（見 P.33）。

五行鳳梨酥

初階

例用5種不同的顏色，做出五行鳳梨酥。也可以依自己喜歡顏色變化。

材料 *Ingredients*

・紫色麵團 30 克・黑色麵團 30 克・黃色麵團 30 克
・白色麵團 30 克・紅色麵團 30 克・內餡 100 克

做法 *Step by Step*

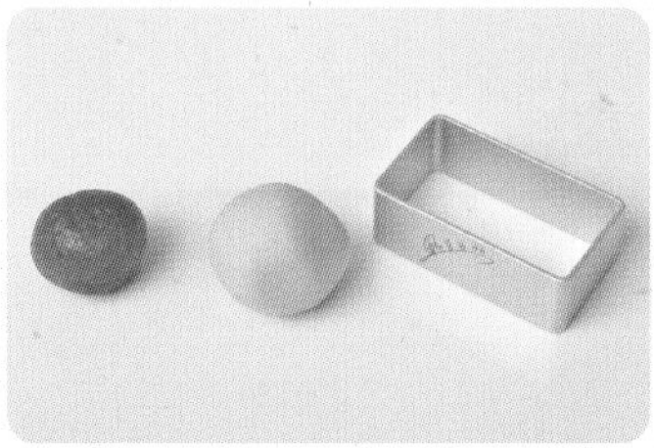

01 準備好材料，分別滾圓備用（此處以黃色麵團示範）。

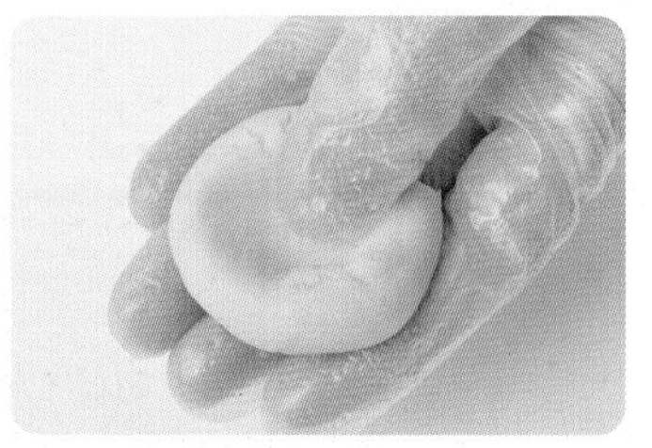

02 黃色麵團壓出小洞。

03 將麵團捏成圓餅狀，放上內餡。

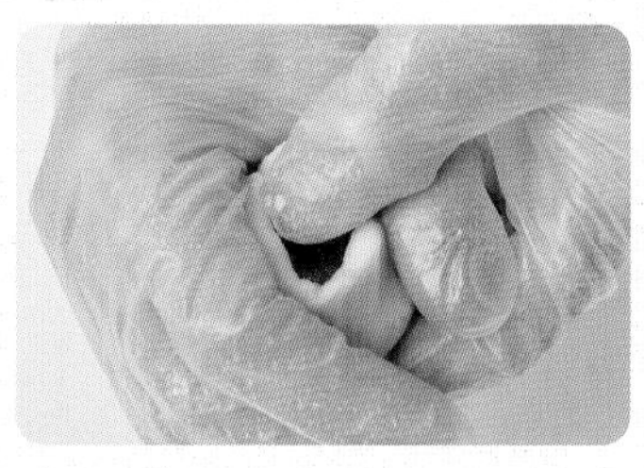

04 用虎口慢慢將麵團收圓。

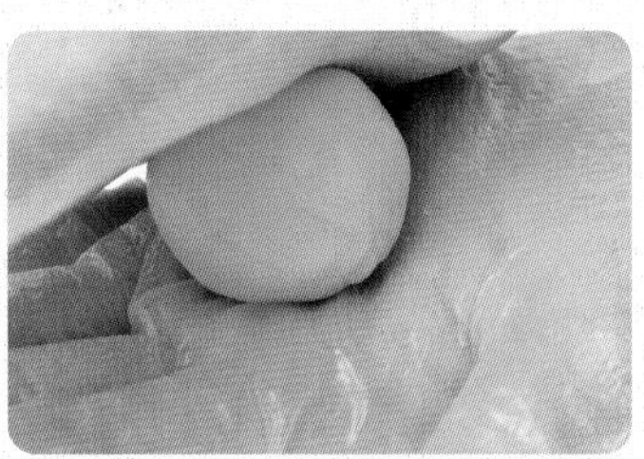

05 再用雙手將麵團滾圓。

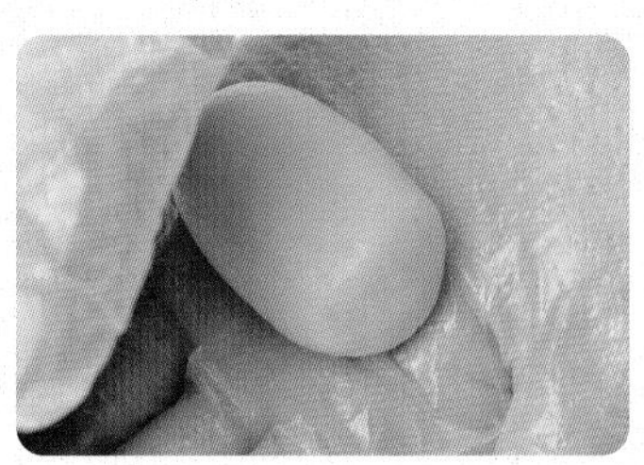

06 再將麵團揉成圓柱狀。

07 將麵團放入模具中。

08 慢慢將麵團壓扁。

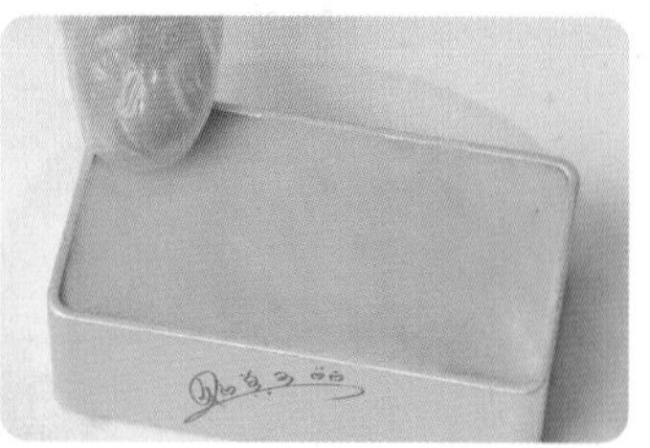

09 模具四周也要填滿。

10 完成造型，入爐烘烤（見 P.33）。

美姬老師小叮嚀

1. 步驟 03 的圓餅狀，也可以直接用手壓平。
2. 模具四周如果沒有填滿，烘烤出爐的成品會不夠方正。

紫色小熊

中階

肉肉的小手手、迷人的眼睛，融化你我的心！

材料 *Ingredients*

- 紫色麵團 32 克
- 白色麵團 2 克
- 黑色麵團 0.5 克
- 粉色麵團 0.5 克
- 紅色麵團少許
- 內餡 20 克
- 竹炭粉少許

紫色小熊

做法 Step by Step

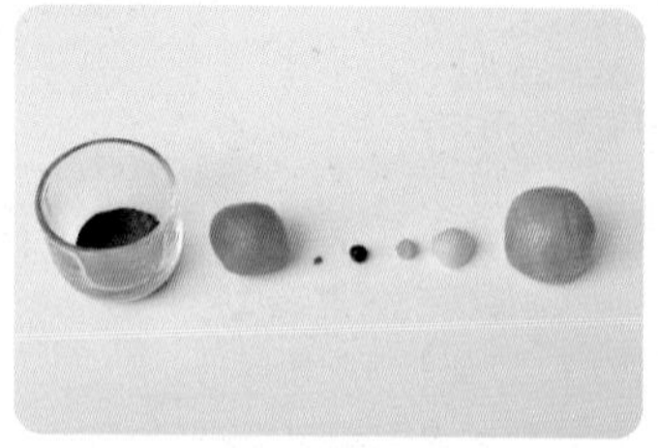

01 準備好材料，分別滾圓備用。

02 紫色麵團分成 1 顆 30 克及 4 顆 0.5 克。

03 將紫色麵團壓扁，包入內餡，滾成光亮的圓球。

04 置於方形的模具中，壓扁備用。

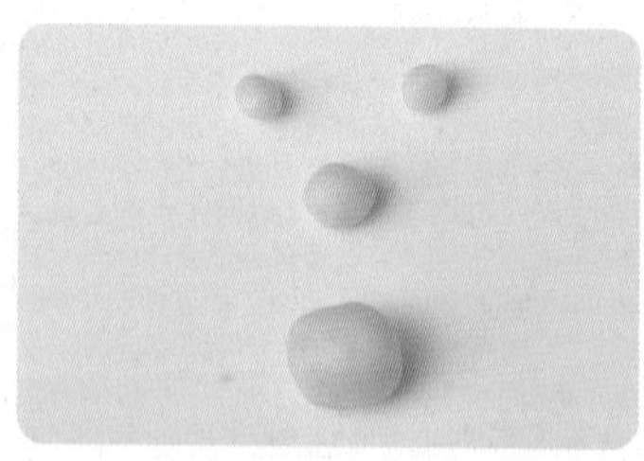

05 白色麵團分成 1 顆 1 克、1 顆 0.6 克及 2 顆 0.2 克，滾圓備用。

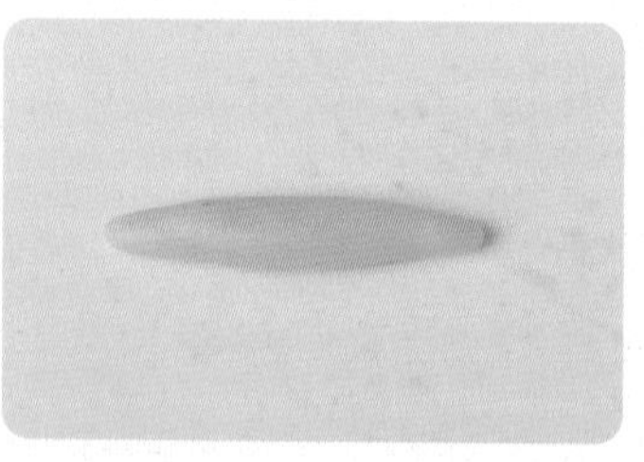

06 取 1 克的白色麵團揉成長梭形。

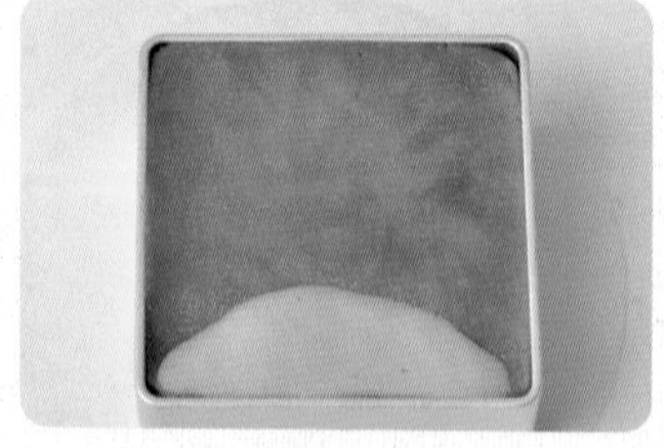

07 置於模具下方，略微壓扁，當成胸口白毛。

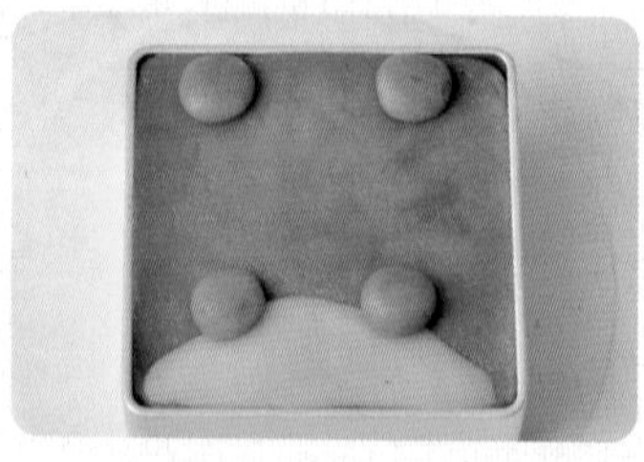

08 取 4 顆 0.5 克紫色麵團，分別做耳朵及手。

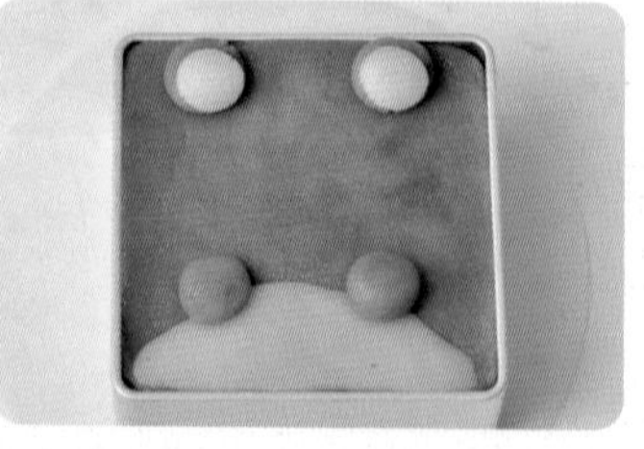

09 取 2 顆 0.2 克白色麵團，滾圓貼在耳朵上方壓扁，當成內耳。

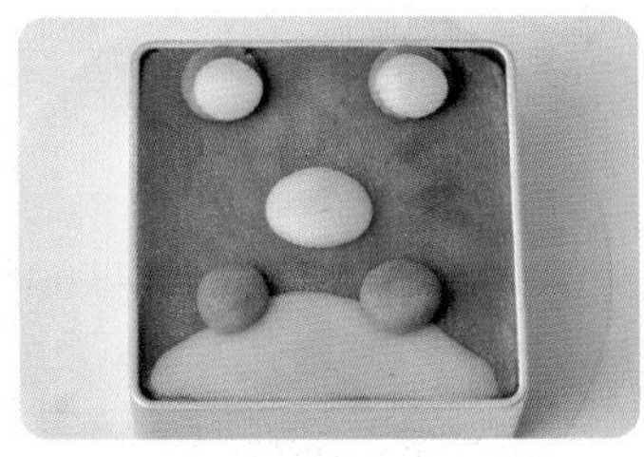

10 取1顆0.6克白色麵團，滾圓貼在中央位置當成鼻子。

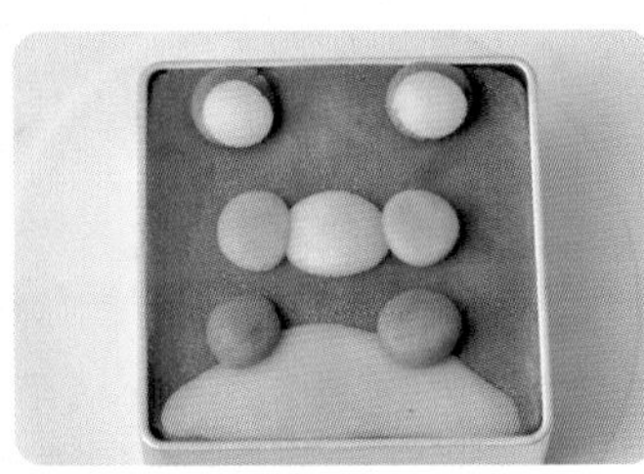

11 取粉色麵團分成2顆，滾圓貼在鼻子兩端，壓扁當成腮紅。

12 取些許黑色麵團，搓1顆綠豆大小、2顆米粒大小，當成眼睛及鼻頭。

13 用雕塑工具做出嘴巴。

14 取紅色麵團，搓出綠豆大小，置於嘴巴當成舌頭。

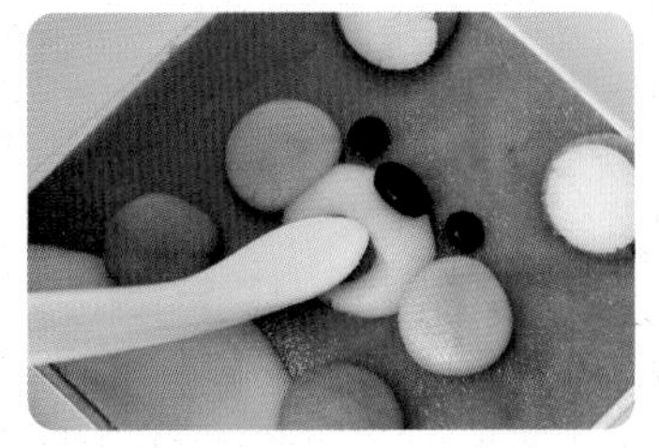

15 用雕塑工具將舌頭壓扁。

16 竹炭粉加水，調成墨汁，用小筆刷沾取畫上眉毛。

17 造型完成，入爐烘烤（見 P.33）。

美姬老師小叮嚀 眼睛或嘴巴的造型都可自行變化。

PART 3

2D造型鳳梨酥

平安紅蘋果

中階

送你紅通通的紅蘋果，祝你平安又幸福。

材料 *Ingredients*　・紅色麵團 18 克・棕色和白色麵團各少許・內餡 12 克

做法 Step by Step

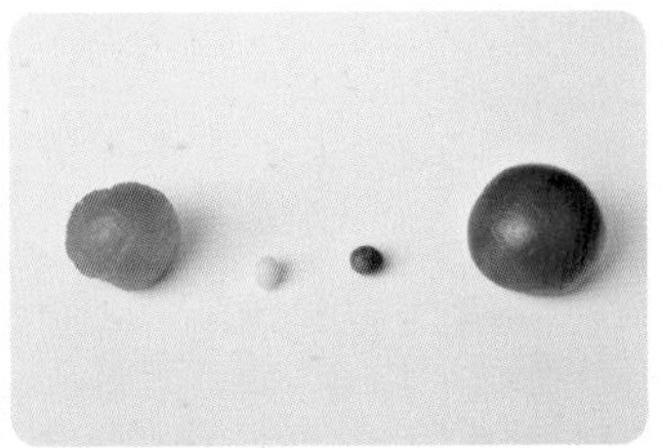

01 準備好材料，分別滾圓備用。

02 將紅色麵團壓扁後，包入將內餡，滾成光亮的圓球。

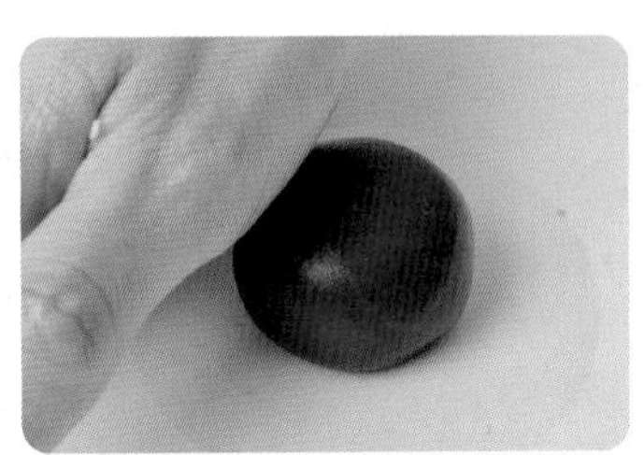

03 將圓球頂端略微壓扁。

04 用工具做出蘋果身上的凹痕。

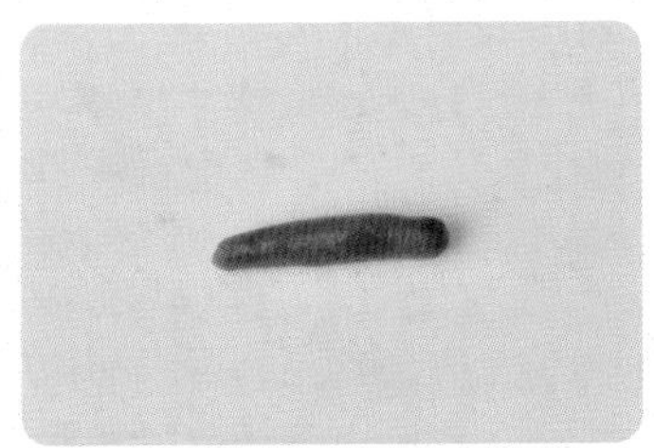

05 將棕色麵團搓成圓柱體。

06 擺在蘋果的頂端。

07 用白色麵團做出圓點及水滴光影圖案，貼在蘋果上。

08 白色圖案略微壓扁。

09 平安紅蘋果造型完成，入爐烘烤（見P.33）。

美姬老師小叮嚀　蘋果梗非常脆弱，烘烤出來後請小心輕放。

熱情向日葵

中階

綻放著金黃色的花瓣，就像是夏日的太陽一般熱情奔放！

材料 Ingredients

・黃色麵團 18 克・棕色麵團 0.5 克・綠色麵團 1 克・內餡 12 克

做法 Step by Step

01 準備好材料，分別滾圓備用。

02 將黃色麵團壓扁後，包入內餡，滾成光亮的圓球。

03 用切板壓出數個花瓣。

04 用手在麵團中間壓出凹槽。

05 將棕色麵團放入壓扁。

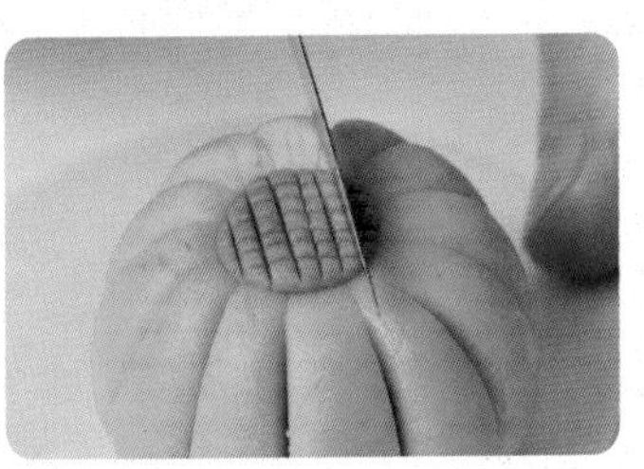

06 用切割工具壓出格紋。

07 用雕塑工具在每片花瓣上壓出花紋。

08 用雕塑工具在花蕊邊壓深，做出立體感。

09 將綠色麵團搓成橢圓形。

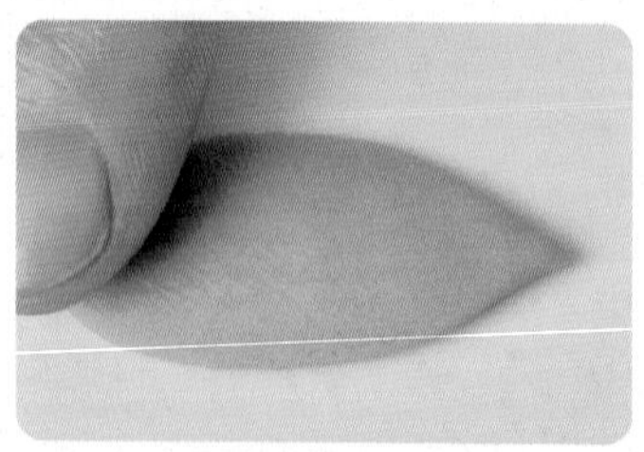

10 輕輕用手壓扁。

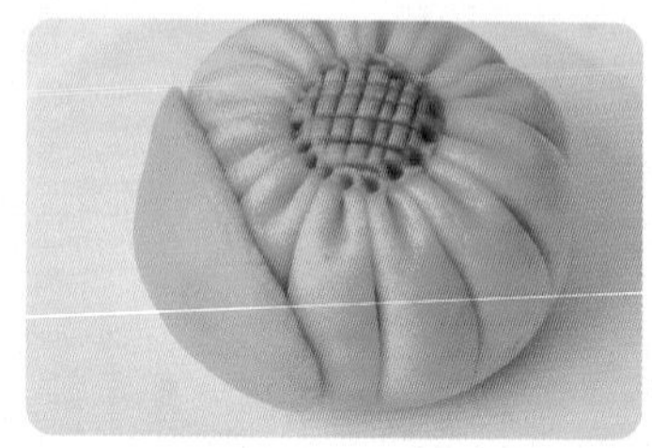

11 貼在花朵下方。

12 用切板在葉脈壓出葉紋。

13 想要花瓣更有立體感，可在花瓣與花瓣間略捏一下。

14 造型完成，入爐烘烤（P.33）。

美姬老師小叮嚀

步驟 10 輕壓綠色麵團，也可以用上下 2 張饅頭紙，將麵團壓扁。

翹翹柴犬屁屁

中階

材料 *Ingredients*

- 橘色麵團 19 克・白色麵團 3 克・內餡 12 克
- 竹炭粉少許

圓滾滾的小屁屁，翹高高好想偷捏一把！

翹翹柴犬屁屁

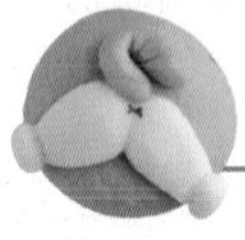

做法 *Step by Step*

01 準備好材料，分別滾圓備用。

02 將橘色麵團分割成 18 克及 1 克。

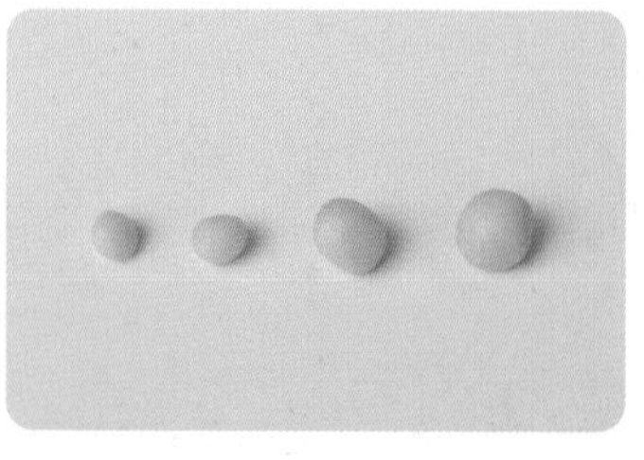

03 將白色麵團分割成 2 顆 1 克及 2 顆 0.5 克。

04 將 18 克橘色麵團壓扁，包入內餡，滾成光亮的圓球。

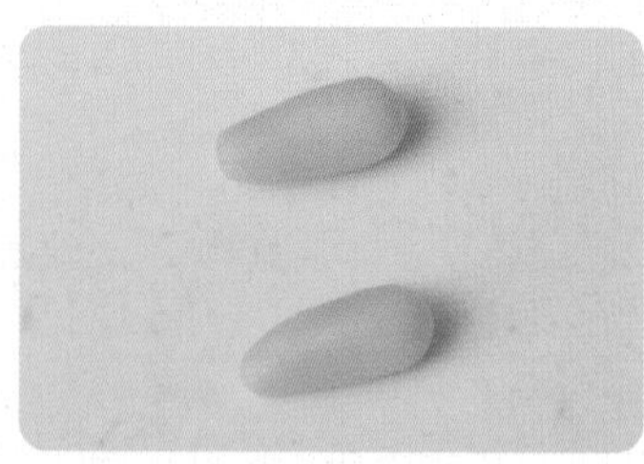

05 將 2 顆 1 克的白色麵團，搓成水滴形。

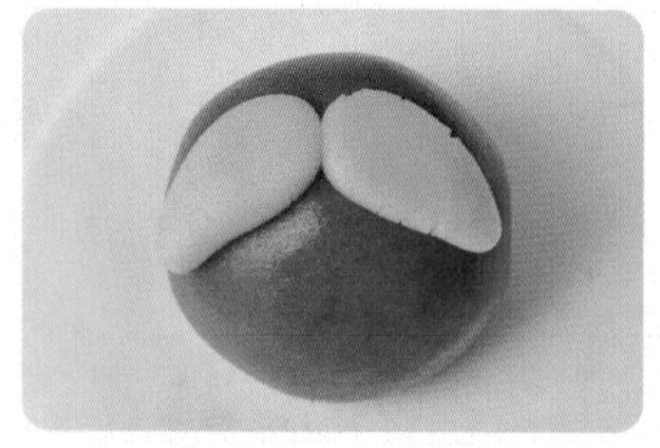

06 呈八字形貼在圓球上方，略微壓扁，做成後腿狀。

07 取 2 顆紅豆大小的白色麵團，貼在後腿兩端當腳掌。

08 取 1 克的橘色麵團搓成水滴形。

09 貼在屁股上方做尾巴。

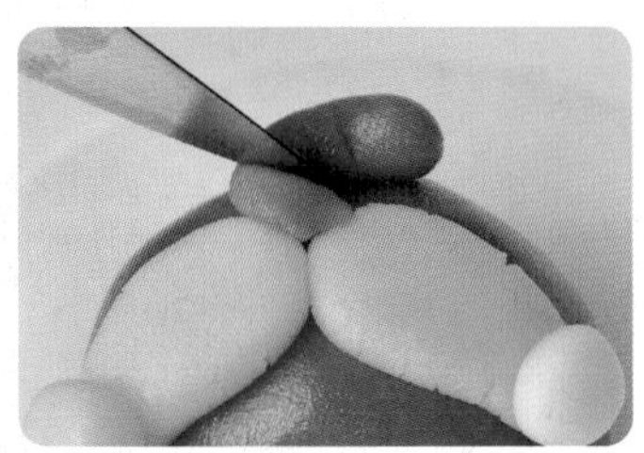

10 用雕塑工具在尾巴上壓出三個壓痕。

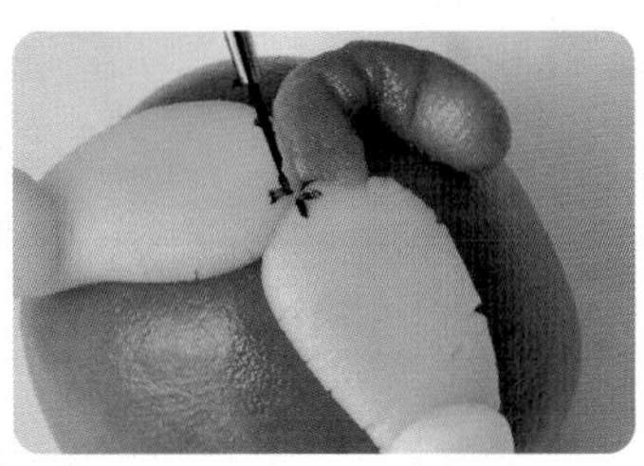

11 竹炭粉加水，調成墨汁，用小筆刷沾取畫上屁屁圖案。

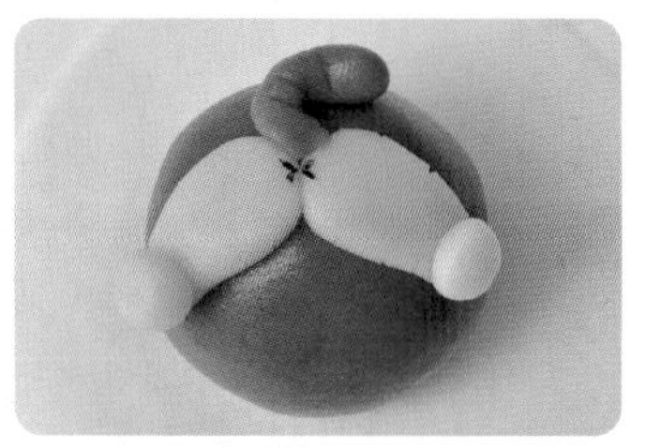

12 完成作品，入爐烘烤（見 P.33）。

美姬老師小叮嚀

也可以做成白色灰黑色等不同顏色的柴犬屁屁，當然也可以做出可愛的短腿狗屁屁喔！

花之語

初階

中秋夜，品嚐一顆花菓子，賞花、賞月、賞中秋。

材料 *Ingredients*

・粉色麵團 18 克・黃色麵團 0.5 克・內餡 12 克

做法 *Step by Step*

01 準備好材料，分別滾圓備用。

02 將粉色麵團壓扁後，包入內餡，滾成光亮的圓球。

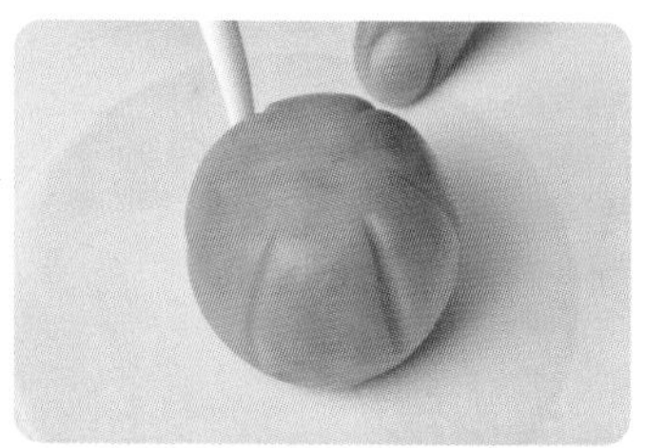

03 先用雕塑工具將花朵分成五瓣或者六瓣。

04 再用雕塑工具將紋路壓深。

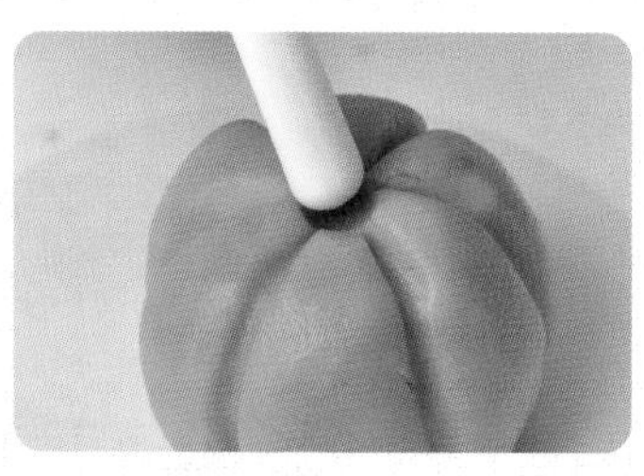

05 接著用雕塑工具在頂部壓出凹槽。

06 放入黃色麵團當成花蕊。

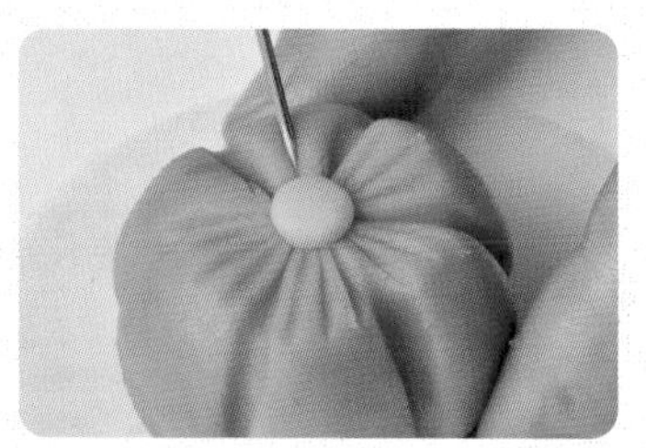

07 在每片花瓣上以雕塑工具壓出花紋。

08 造型完成，入爐烘烤（見 P.33）。

美姬老師小叮嚀 可以調配不同顏色的外皮，做出奼紫嫣紅的花果子。烘烤前也可以用色粉加水，調成墨汁，以小筆刷沾取在花瓣上抹上顏色，讓花瓣更生動。

運
開

開運不倒翁

高階

各式各樣的開運不倒翁，讓你開出好運道！

材料 Ingredients

- 紅色麵團 18 克・白色麵團 1 克・黃色麵團 2 克・黑色麵團 2 克
- 粉色麵團少許・內餡 12 克・竹炭粉少許・紅麴粉少許

做法 Step by Step

01 準備好材料，分別滾圓備用。

02 將紅色麵團壓扁後，包入內餡，滾成光亮的圓球。

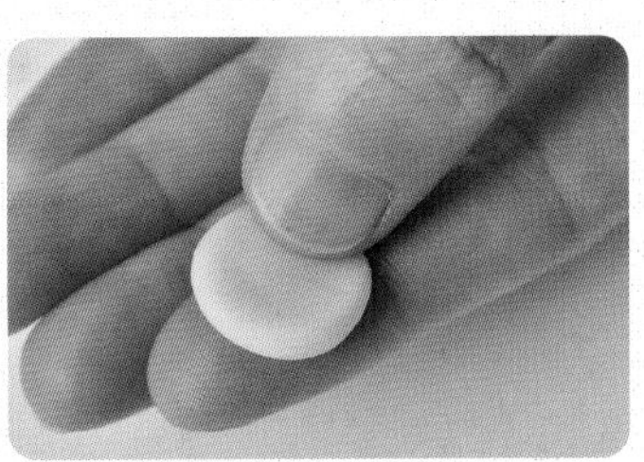

03 白色麵團搓成橢圓形麵片。

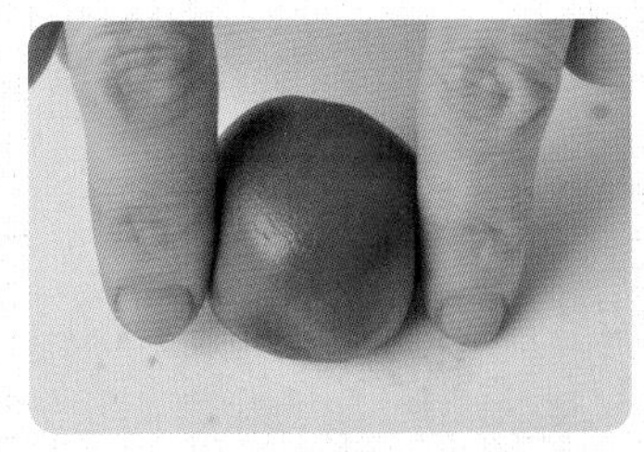

04 將紅色圓球略微推高，做成上小下大的柚子狀。

05 將白色麵片貼在上方。

06 取 2 顆小米大小的黑色麵團，搓圓後當成眼睛。

07 再取 2 顆米粒大小的黑色麵團，搓成小圓柱狀，做成倒八字眉。

08 取 1 顆小米大小的粉色麵團，搓圓當成嘴巴。

09 取 2 顆綠豆大小的黑色麵團，搓成水滴狀，貼在鼻子旁當成鬍子。

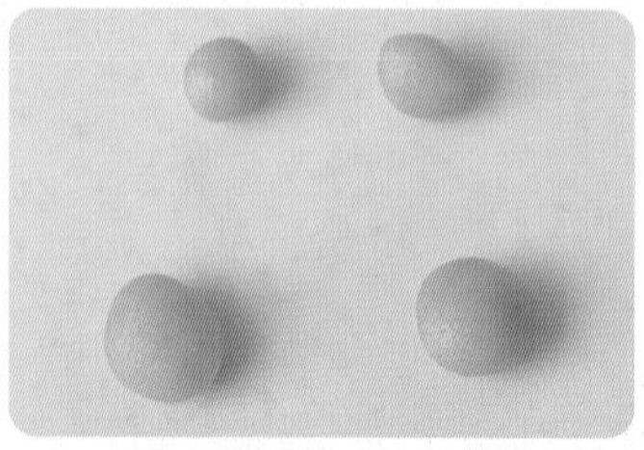

10 黃色麵團分成 2 大 2 小的黃色小圓球。

11 將黃色小圓球搓成水滴狀，貼黏在身上做裝飾。

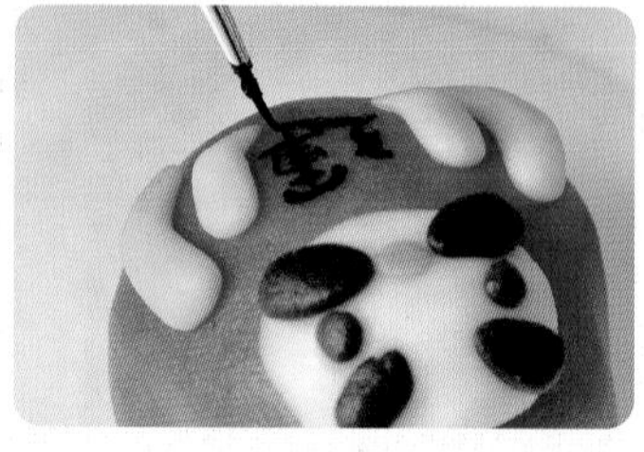

12 竹炭粉加水，調成墨汁，用小筆沾取寫上祝福語。

13 紅麴粉加水，調成紅墨汁，抹上當成腮紅。

14 造型完成，入爐烘烤（見 P.33）。

美姬老師小叮嚀

創意不倒翁可以做出許多造型，像是牛氣沖天不倒翁、貓咪不倒翁，或是可愛 Q 版的不倒翁。創意無限的同學們，做出屬於你們自己的不倒翁吧！

肉球小貓爪

中階

肥肥短短的小肉球，超萌超可愛！

材料 *Ingredients*

・白色麵團 18 克・粉色麵團 1 克・橘色、棕色麵團少許
・內餡 12 克

肉球小貓爪

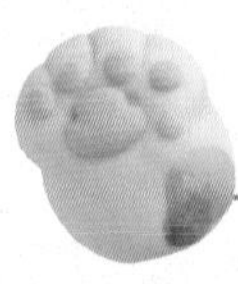

做法 *Step by Step*

01 準備好材料，分別滾圓備用。

02 將白色麵團壓扁後，包入內餡，滾成光亮的圓球。

03 將圓球搓成橢圓柱體。

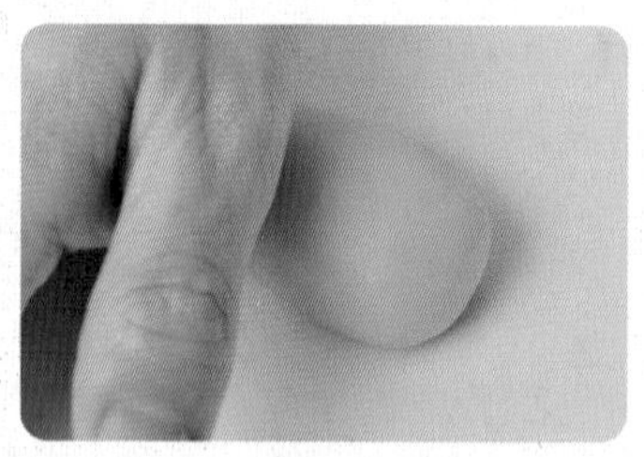

04 略微壓扁。

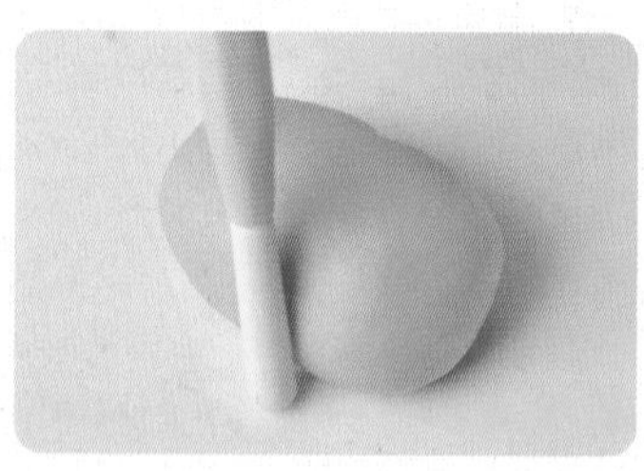

05 用雕塑工具將兩側壓凹做出手腕狀。

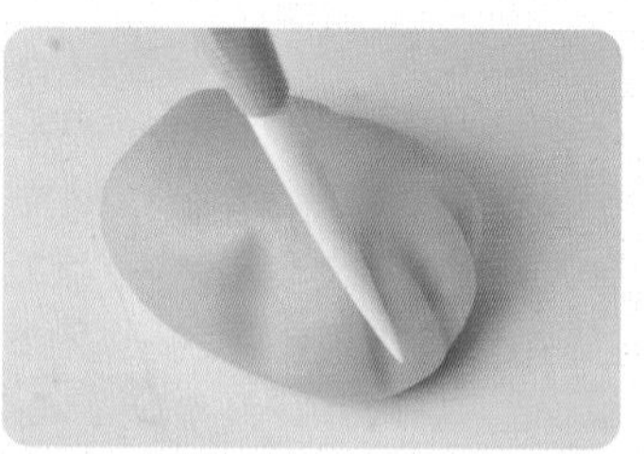

06 再用雕塑工具壓出三個壓痕做指頭狀。

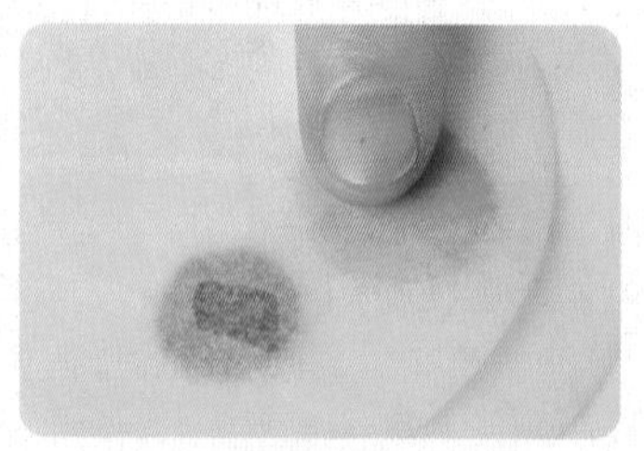

07 取兩顆一大一小橘色和棕色麵團，略微壓扁。

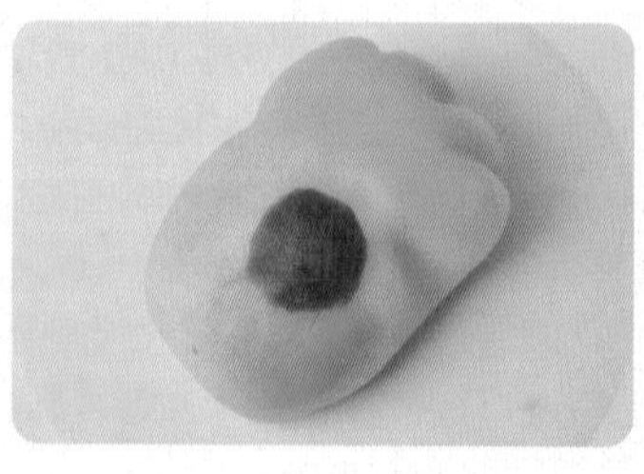

08 貼在手上做斑紋。

09 取 1 顆 0.5 克粉色麵團和 5 顆粉色小麵團搓圓。

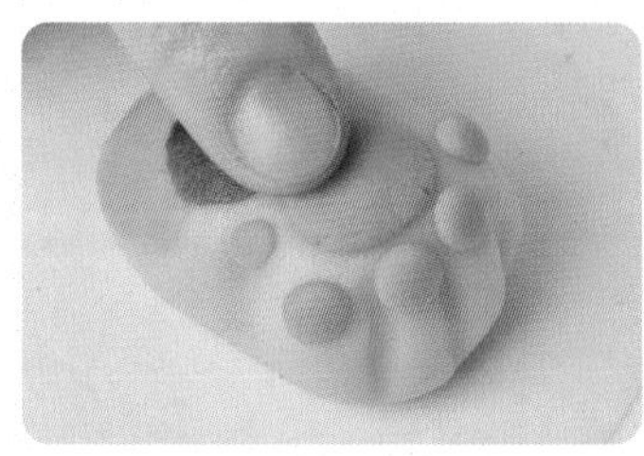

10 貼在上方略微壓扁，做掌心的小肉球。

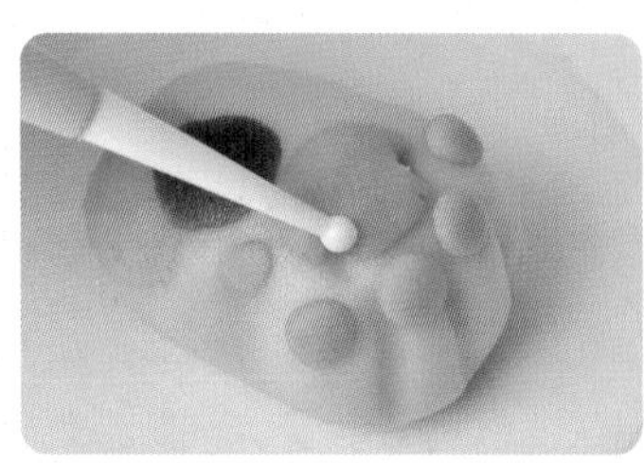

11 再用雕塑工具在最大的肉球上，做出 2 個小凹洞。

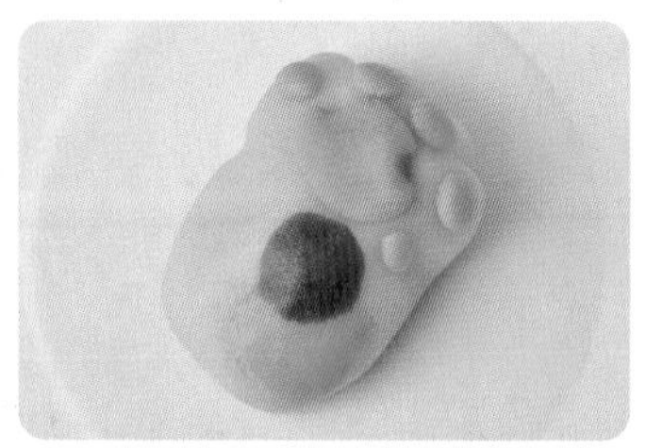

12 造型完成，入爐烘烤（見 P.33）。

美姬老師小叮嚀

1. 也可以做成橘色、灰黑色等不同顏色的貓爪。
2. 斑紋也可以做成條狀。

粉嫩水蜜桃

中階

粉粉嫩嫩的水蜜桃，好想咬一口！

材料 *Ingredients*　・淡粉色麵團 18 克・綠色麵團 2 克・內餡 12 克・紅麴粉少許

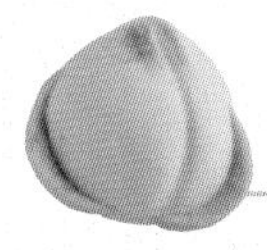

做法 Step by Step

01 準備好材料，分別滾圓備用。

02 將粉淡色麵團壓扁，包入內餡，滾成光亮的圓球。

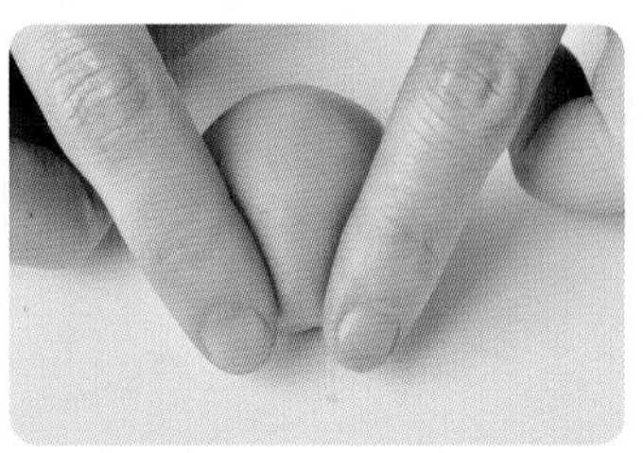

03 將圓球頂端捏尖。

04 讓麵團呈桃子狀。

05 用雕塑工具壓出桃子凹痕。

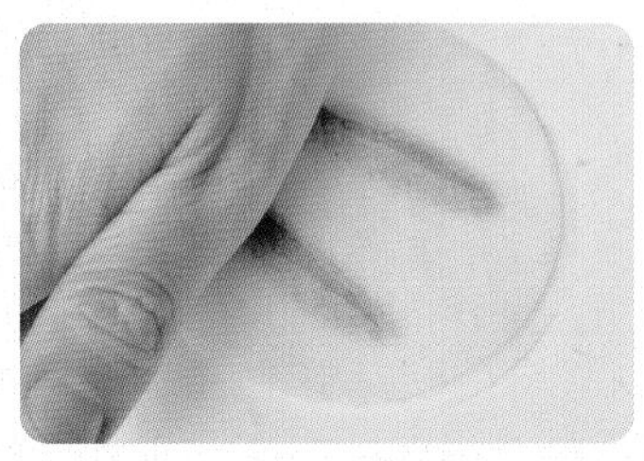

06 綠色麵團分成 2 顆圓球，搓成柳葉形，略微壓扁。

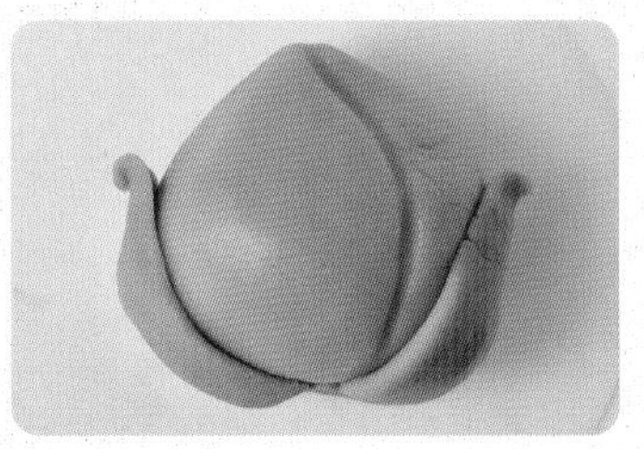

07 貼在桃子下方，讓葉尖處略微翹起。

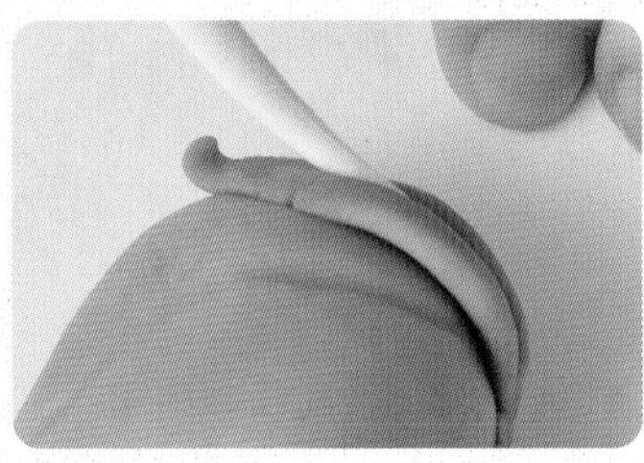

08 用雕塑工具在葉子中間壓出葉脈。

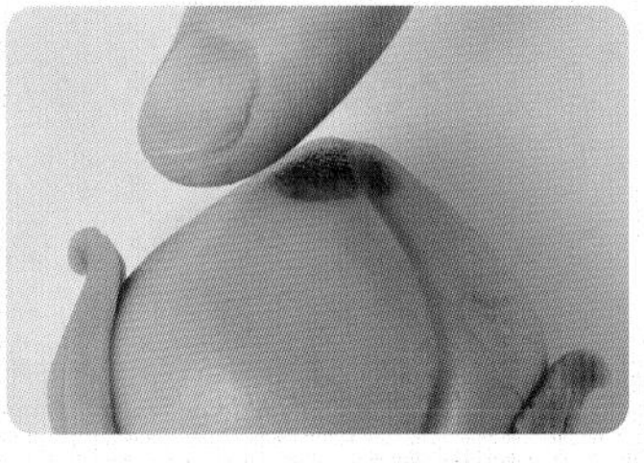

09 紅麴粉加水，調成粉色色膏，取少許粉色色膏略微稀釋後，用手指在頂端上色。

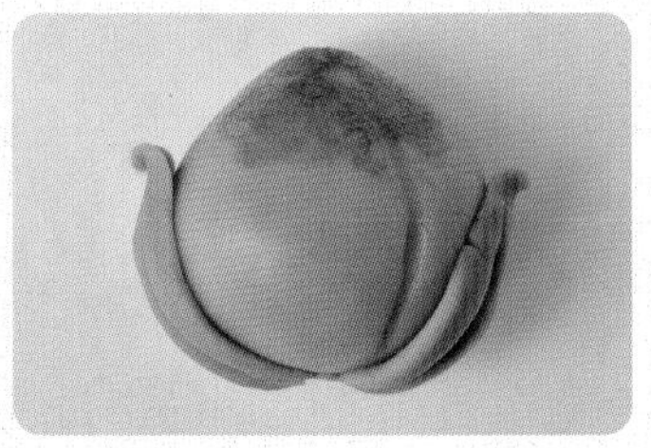

10 成品完成，入爐烘烤（見 P.33）。

美姬老師小叮嚀

上色的部分可以視個人喜好做深淺的變化。

圓滾滾小棕熊

中階

迷你又圓嘟嘟的小棕熊，真是可愛破了表！

材料 *Ingredients*

- 淡棕色麵團 19 克・淡粉色麵團 1 克・粉色、 深棕色、 黑色麵團少許
- 內餡 12 克・竹炭粉少許

做法 *Step by Step*

01 準備好材料，分別滾圓備用。

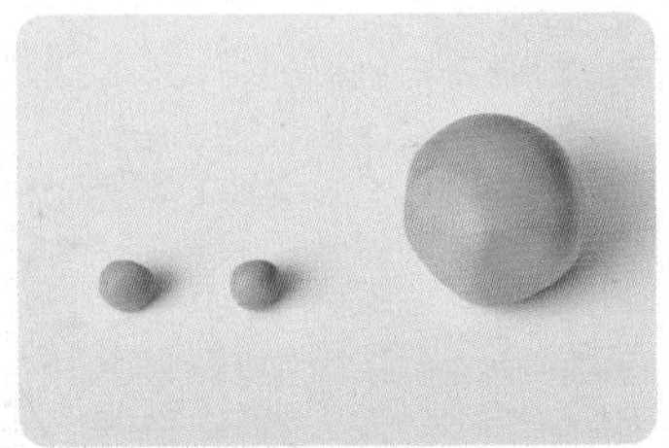

02 淡棕色麵團分成 1 顆 18 克及 2 顆 0.5 克，滾圓備用。

03 18 克的淡棕色麵團壓扁，包入內餡，滾成光亮的圓球。

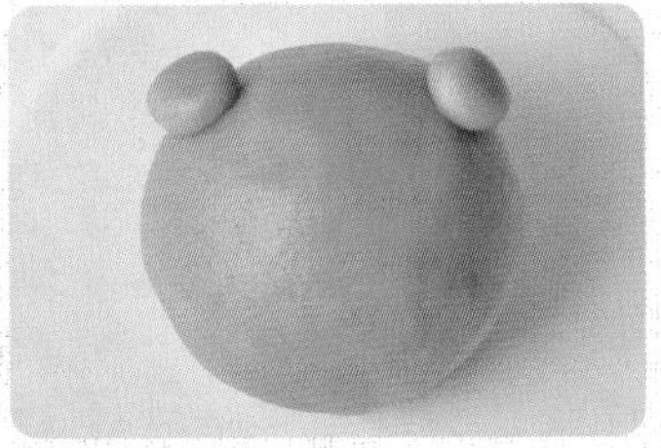

04 2 顆 0.5 克的淡棕色麵團貼在圓球上方當耳朵。

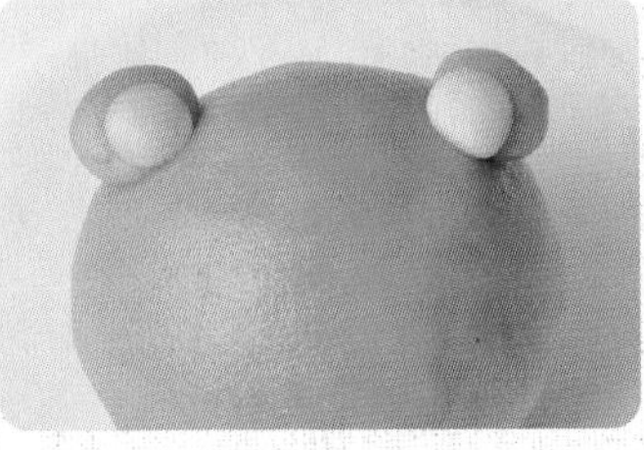

05 取 2 顆綠豆大小的淡粉色麵團滾圓，貼在耳朵上壓扁當內耳。

06 取 1 顆紅豆大小的淡粉色麵團滾圓後壓扁，貼在臉上當鼻子。

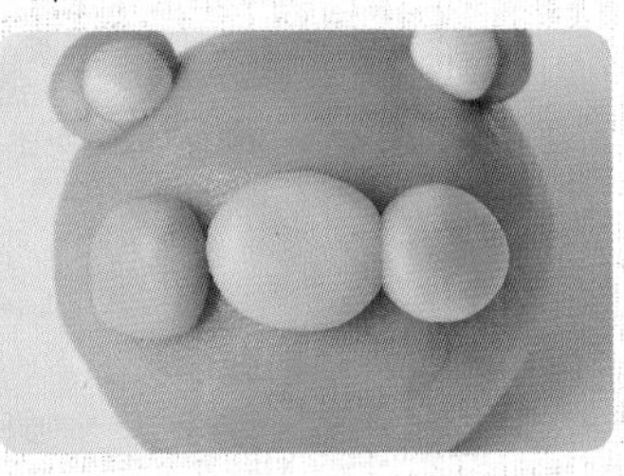

07 取約 2 顆紅豆大小的粉色麵團滾圓壓扁，貼在鼻子旁當成腮紅。

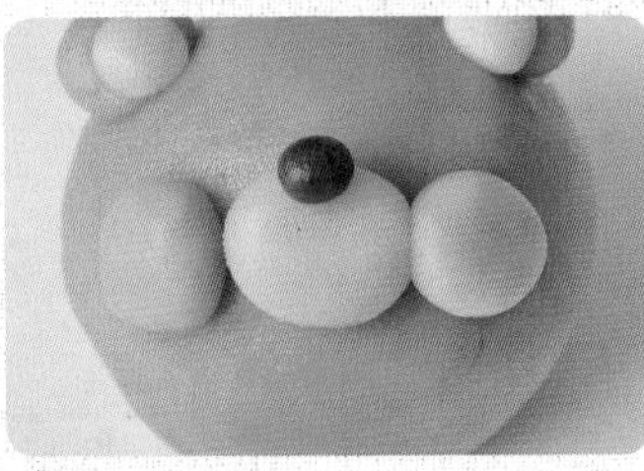

08 取 1 顆約小米大小的深棕色麵團，滾圓貼在鼻子上方當鼻頭。

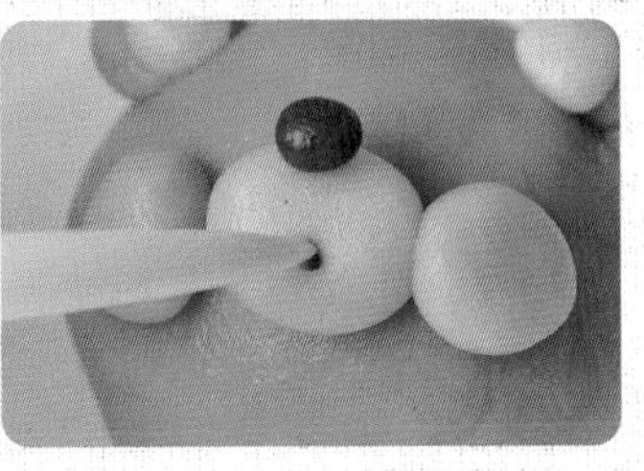

09 用雕塑工具壓出嘴巴凹洞。

10 取 2 顆約芝麻大小的黑色麵團，揉圓後貼在臉上當眼睛。

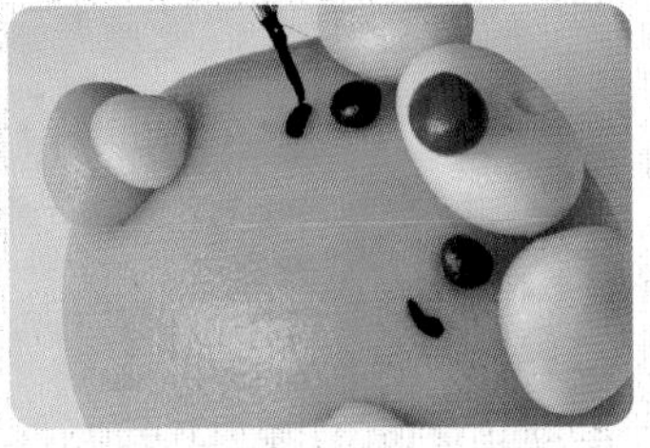

11 竹炭粉加水，調成墨汁，以小細筆沾取畫上眉毛。

12 造型完成，入爐烘烤（見 P.33）。

幸
福
春
祥

福氣福袋

中階

有了福袋，好運、好福氣通通裝袋！

材料 *Ingredients*

・紅色麵團 20 克・黃色麵團 3 克・綠色麵團少許・內餡 12 克

做法 *Step by Step*

01 準備好材料，分別滾圓備用。

02 將紅色麵團分成 18 克及 2 克，滾圓備用。

03 將 18 克紅色麵團壓扁，包入內餡，滾成光亮的圓球。

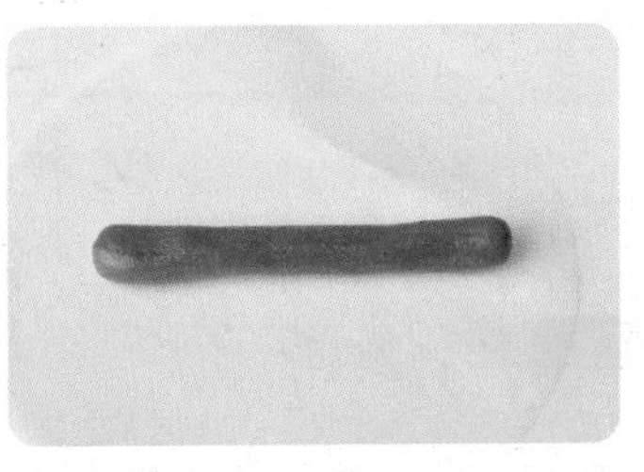

04 將 2 克紅色麵團搓成約 2 公分的長柱體，置於饅頭紙上。

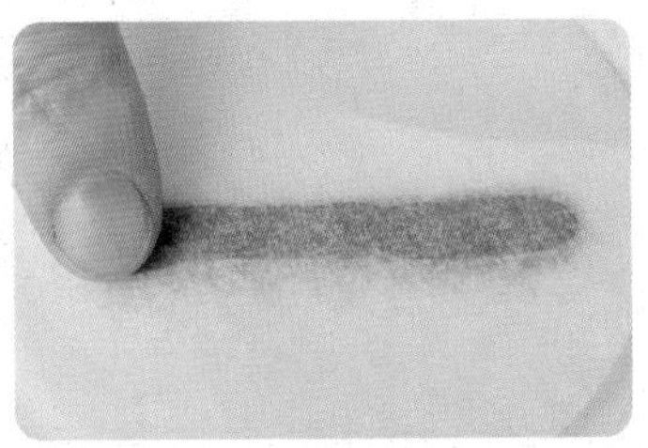

05 在長柱體上方覆蓋另一張饅頭紙，略微壓扁。

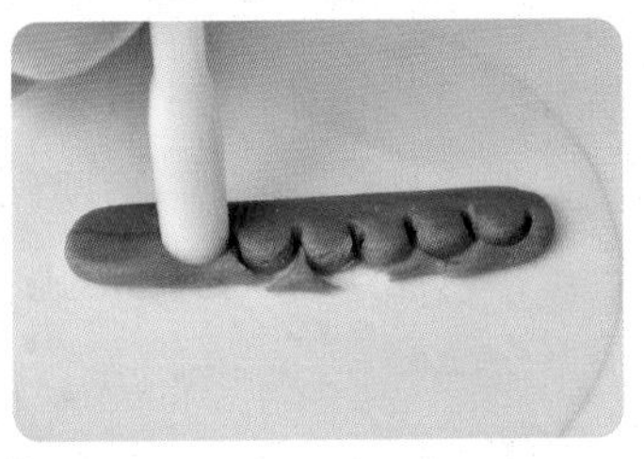

06 以雕塑工具壓出波浪紋路。

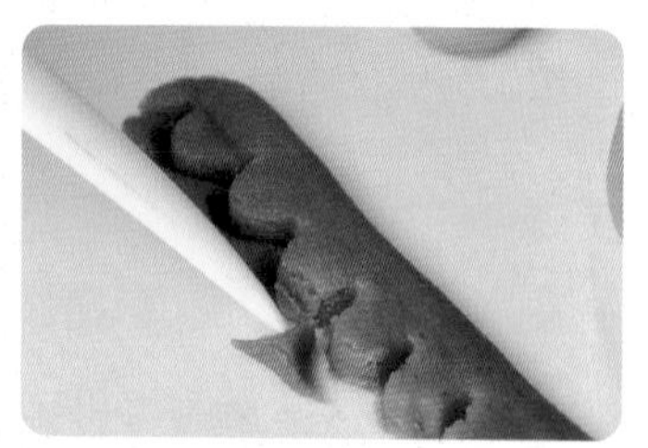

07 除去多餘麵團。

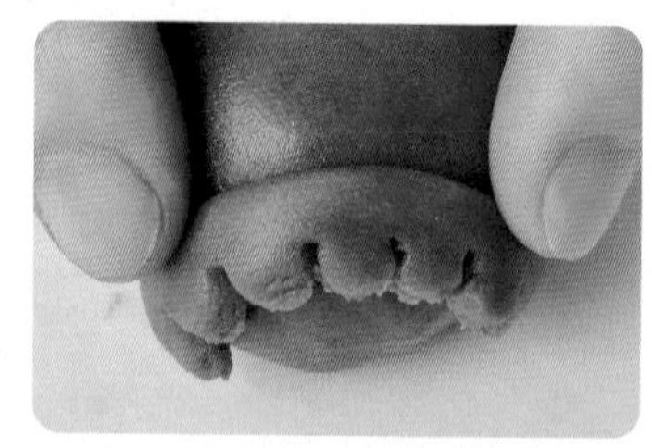

08 將步驟 07 貼在步驟 03 的圓球上方。

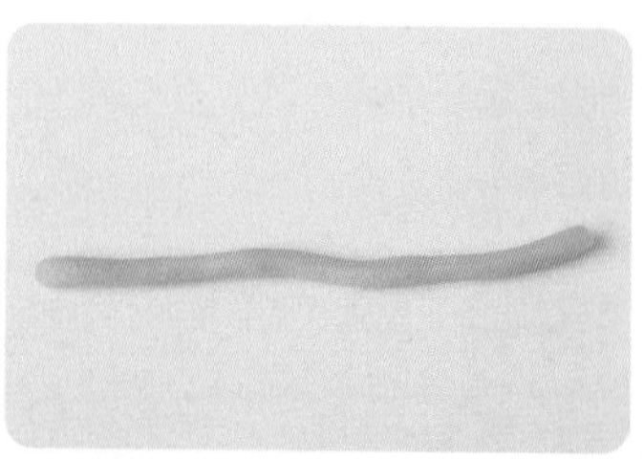

09 取 1 克黃色麵團搓成長麵條狀。

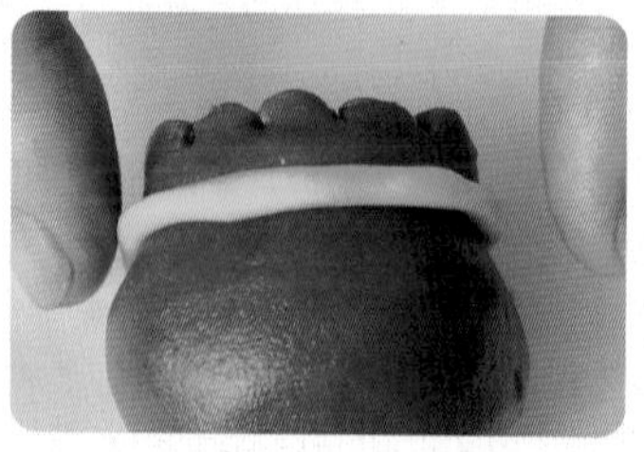

10 貼在接縫處，做成綁袋的樣子。

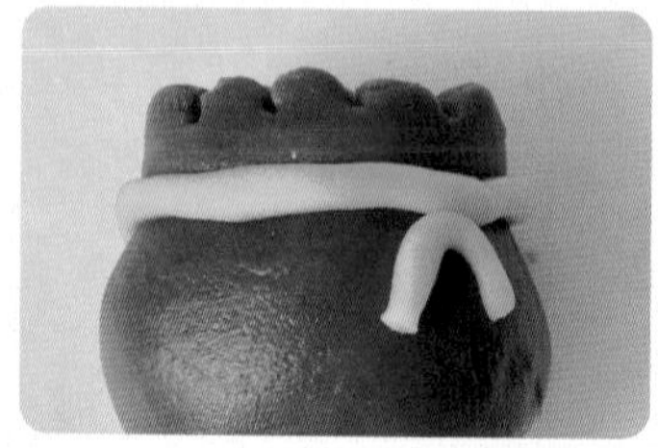

11 取步驟 09 剩餘的黃色麵團做出綁袋的蝴蝶結。

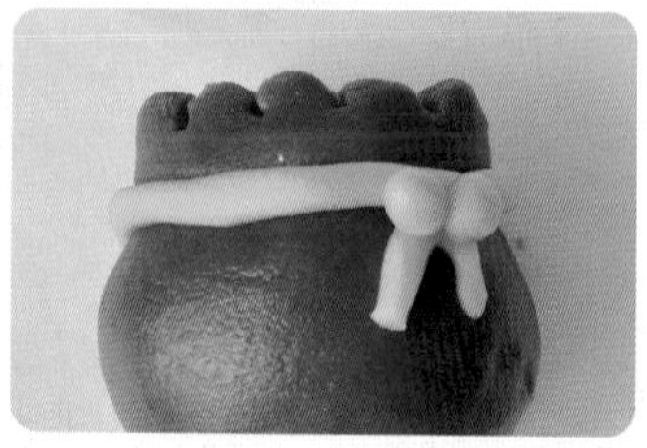

12 將綠色麵團搓成 2 顆小球，貼在蝴蝶結上面做裝飾。

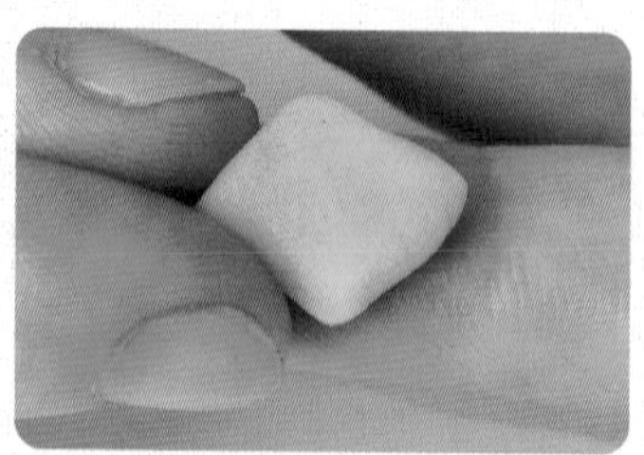

13 取剩餘的黃色麵團做成菱形狀。

14 貼在圓球上方。

15 竹炭粉加水，調成墨汁，用小筆沾取寫上祝福語。

16 造型完成，入爐烘烤（見 P.33）。

美姬老師小叮嚀

福袋的顏色、造型也可以自由發揮創意。福袋也可以做成 3D 立體造型，中間的袋口，還可以做幾個小金元寶，做成聚寶盆。

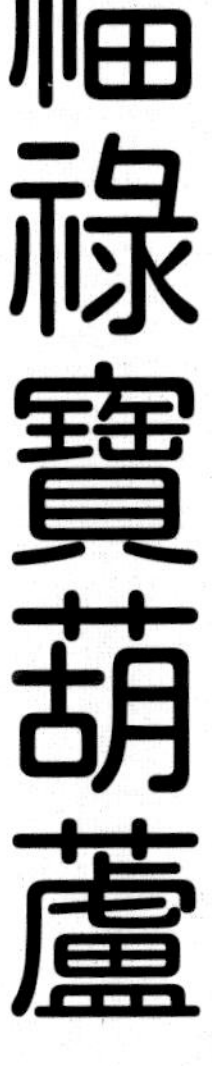

福祿寶葫蘆

初階

材料 *Ingredients*

・黃色麵團 21 克・紅色麵團 2 克・粉色麵團 0.5 克
・綠色麵團 0.5 克・內餡 13 克

葫蘆即福祿，吃上一顆寶葫蘆，一年加冠又進祿。

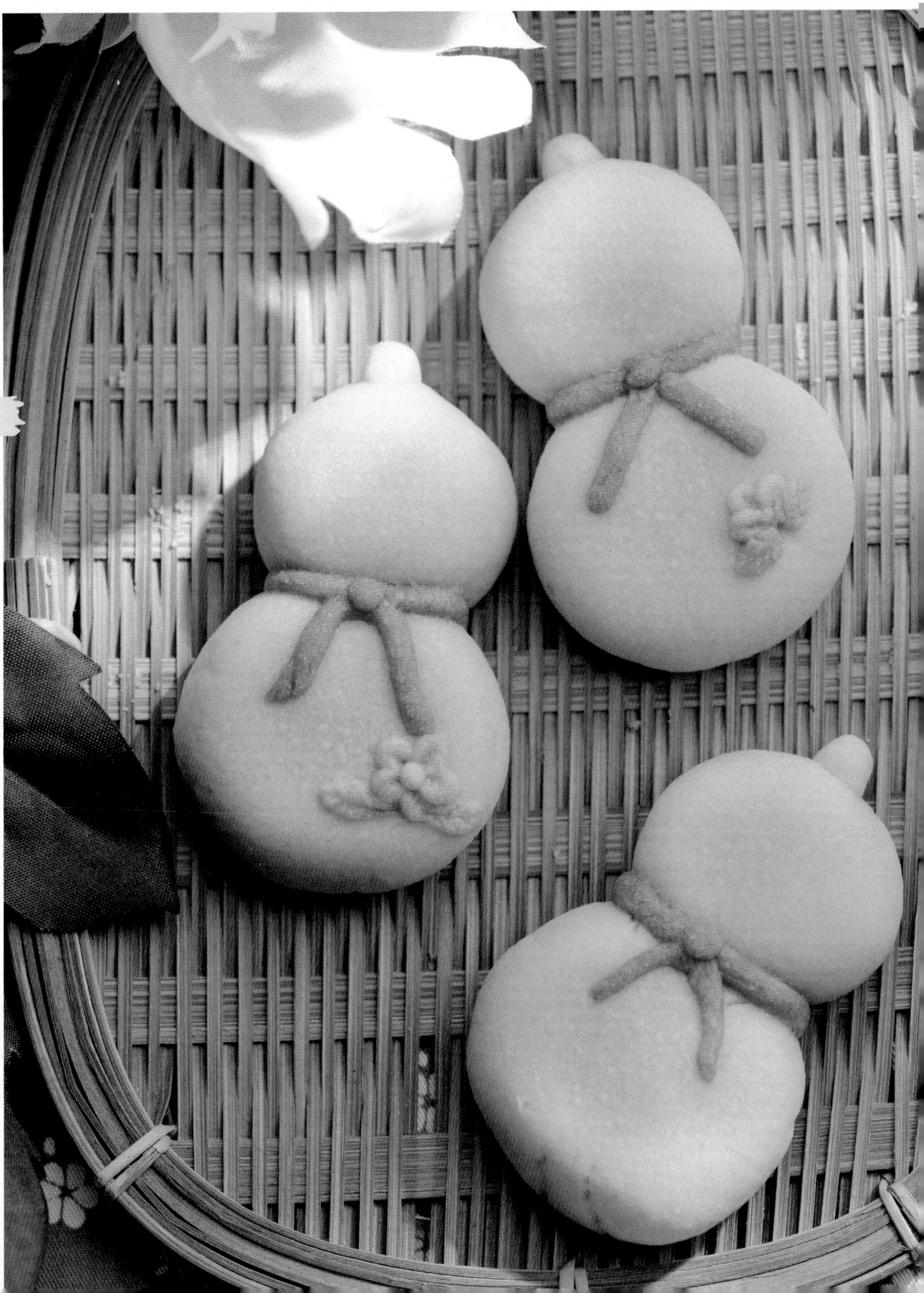

福祿寶葫蘆

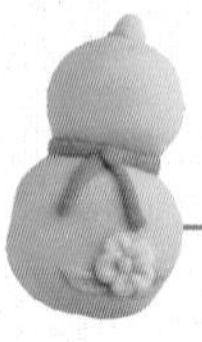

做法 Step by Step

01 準備好材料，分別滾圓備用。

02 將黃色麵團分為 12 克、8 克及 1 克；內餡分為 9 克及 4 克。

03 分別將 12 克及 8 克黃色麵團壓扁，包入 9 克及 4 克內餡，滾成光亮的圓球。

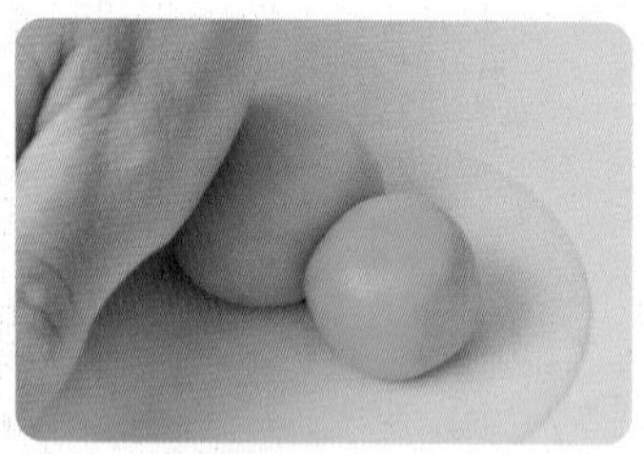

04 將兩顆小球黏在一起，略微壓扁。

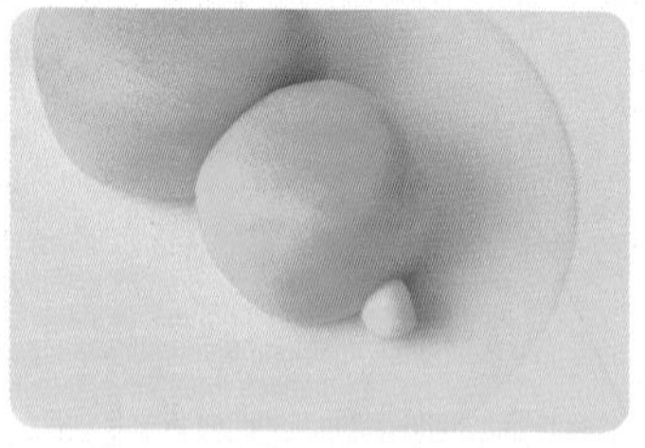

05 1 克的黃色麵團取米粒大小滾圓，放在上方，當作葫蘆口。

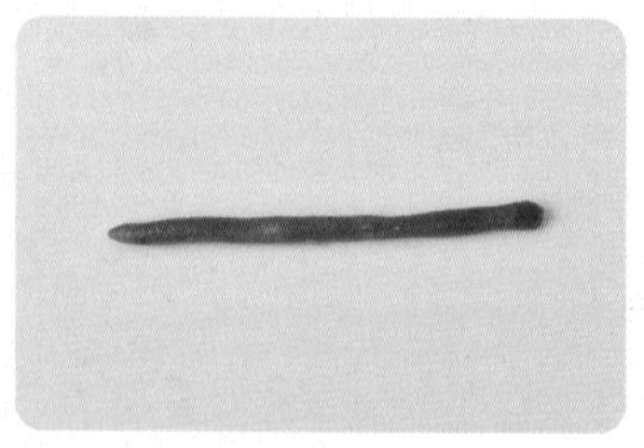

06 將紅色麵條搓長。

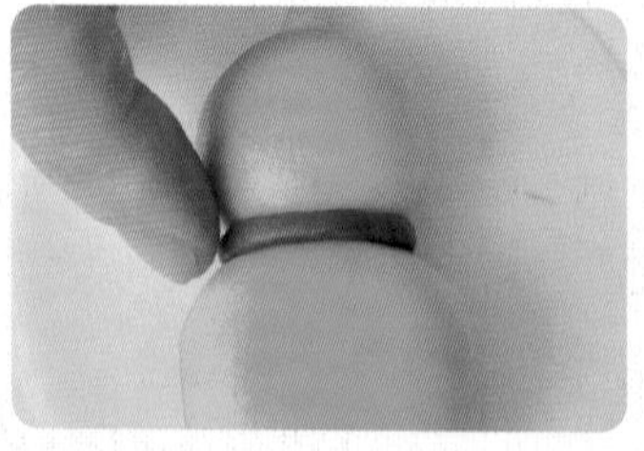

07 貼在葫身中間，輕輕壓扁。

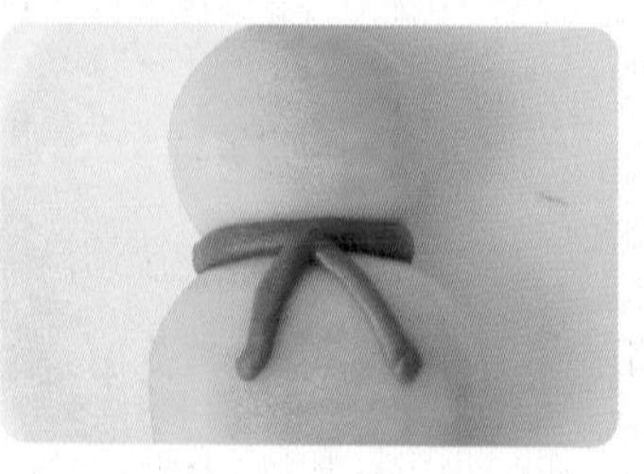

08 再用剩餘的紅色長麵條做出倒 V 貼上。

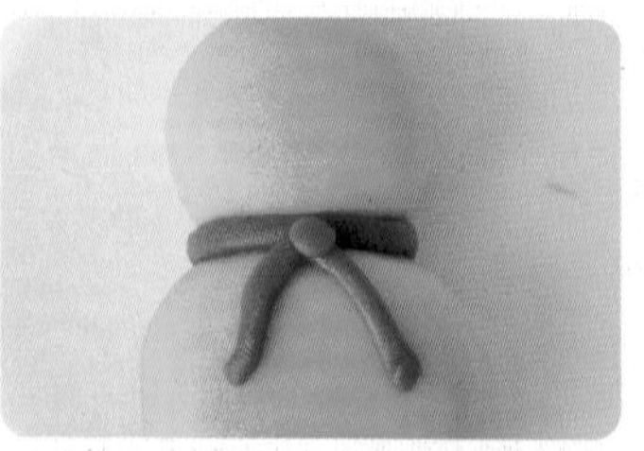

09 再擺上一顆小紅圓球做裝飾。

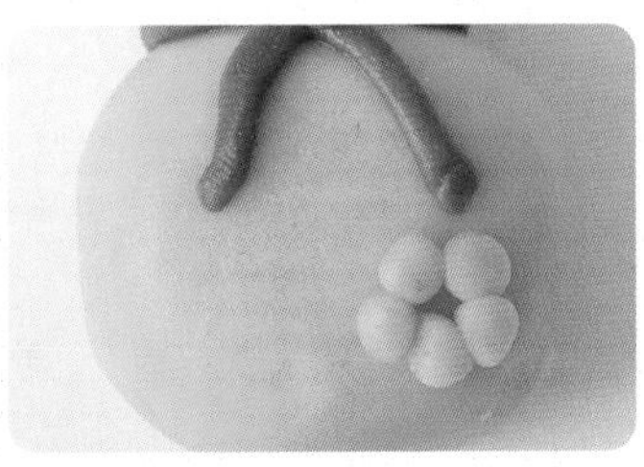

10 搓五顆粉色小球，貼在葫蘆身上。

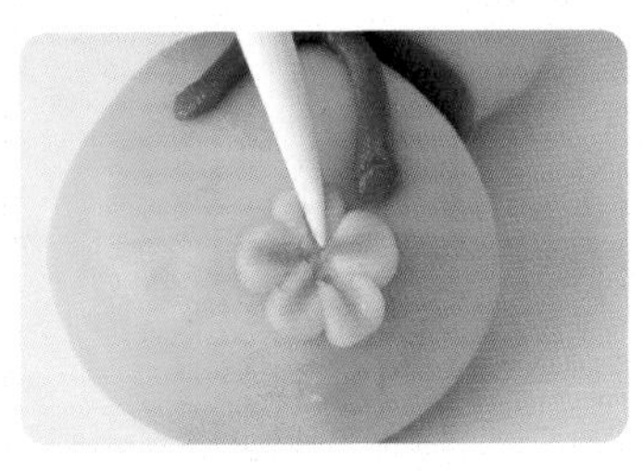

11 用雕塑工具壓出花紋。

12 剩餘的黃色麵團取小米粒大小滾圓，貼在花朵中間當花蕊。

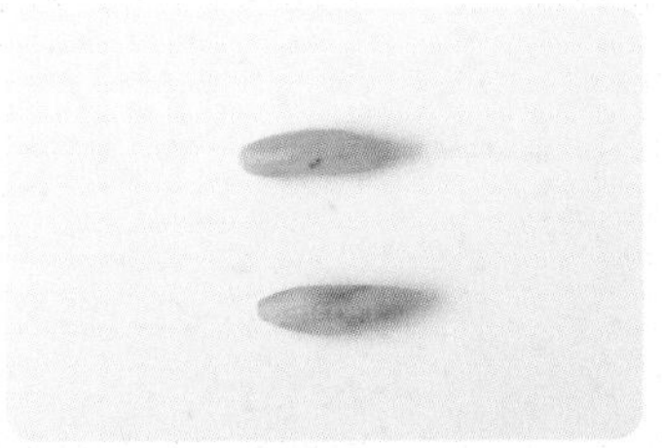

13 將0.5克綠色麵團分成2份，分別搓成柳葉形。

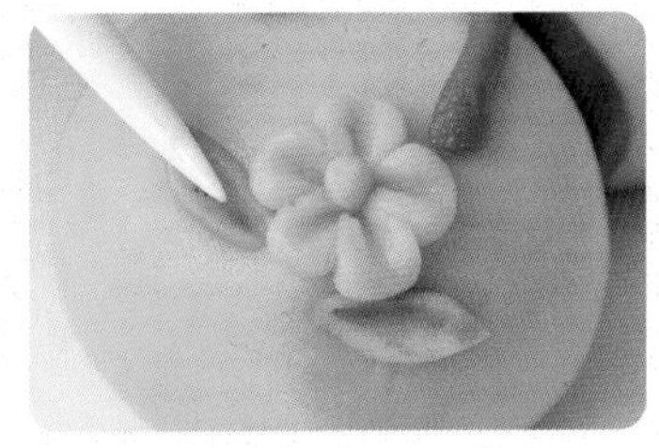

14 貼在花朵兩側，用工具壓出紋路。

15 造型完成，入爐烘烤（見P.33）

美姬老師小叮嚀

1 省略花朵的葫蘆也很可愛。
2 也可以在葫蘆上寫字。

彎月香蕉

初階

香蕉鳳梨酥?!沒錯!就是香蕉造型，但放心!沒有香蕉味!!

材料 *Ingredients*

・黃色麵團 18 克・內餡 12 克・可可粉少許

做法 *Step by Step*

01 準備好材料，分別滾圓備用。

02 將麵團壓扁，包入內餡，滾成光亮的圓球。

03 將圓球搓成長條形。

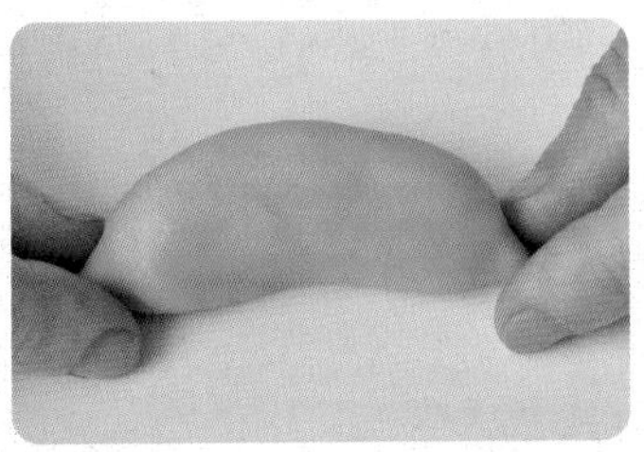

04 頭尾捏出香蕉的外型。

05 用可可粉加水，調成墨汁，先在頭尾上色。

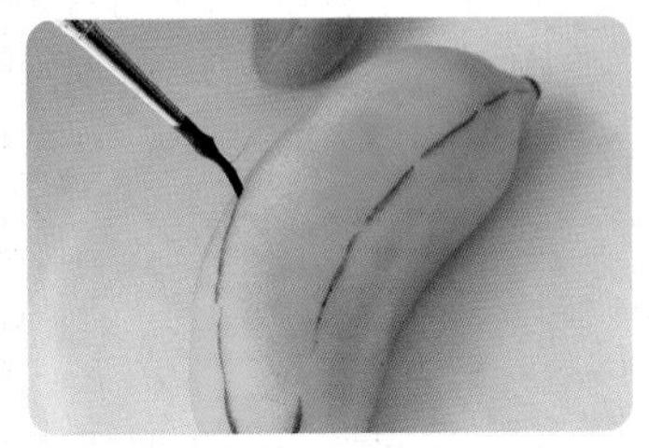

06 在身體上畫出兩條邊線。

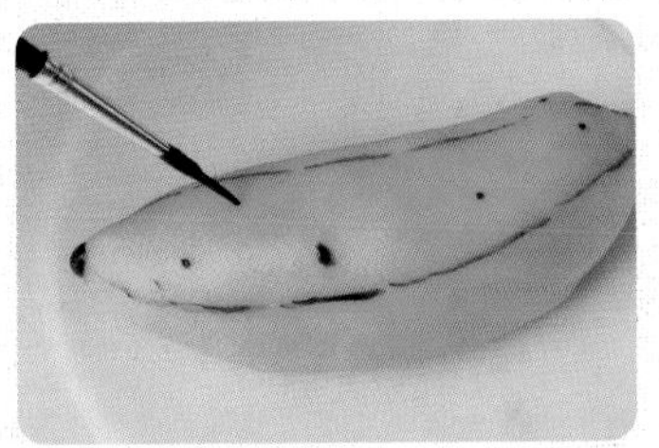

07 點上些許小點，做成香蕉成熟狀。

08 造型完成，入爐烘烤（見 P.33）。

美姬老師小叮嚀

如果把麵團再縮減一點（內餡也要減少），做成小小的旦蕉，也很可愛！

小雞甜甜圈

高階

誰說鳳梨酥不能漏餡？讓這個甜甜圈突破你的想像。

材料 *Ingredients*

- 白色麵團 27 克・粉色、橘色、紅色麵團少許
- 黃色麵團 2.5 克・內餡 12 克・竹炭粉少許

做法 *Step by Step*

01 準備好材料，分別滾圓備用。

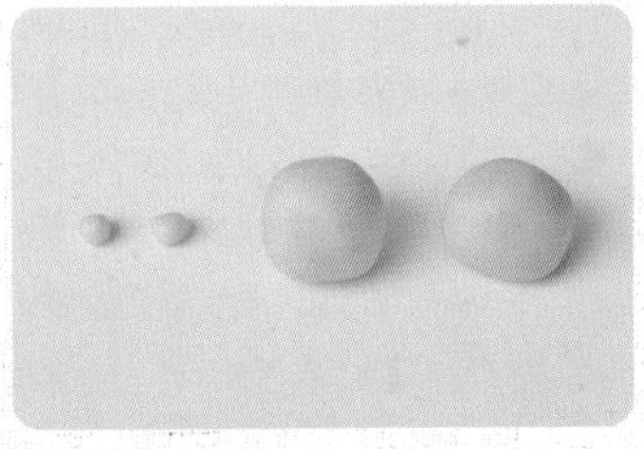

02 將白色麵團分為 2 顆 12 克及 2 顆 1.5 克。

03 將 12 克的白色麵團及內餡分別壓成大小相同的圓餅狀。

04 將內餡夾在麵團中間。

05 用粗吸管在中間壓出一個小洞。

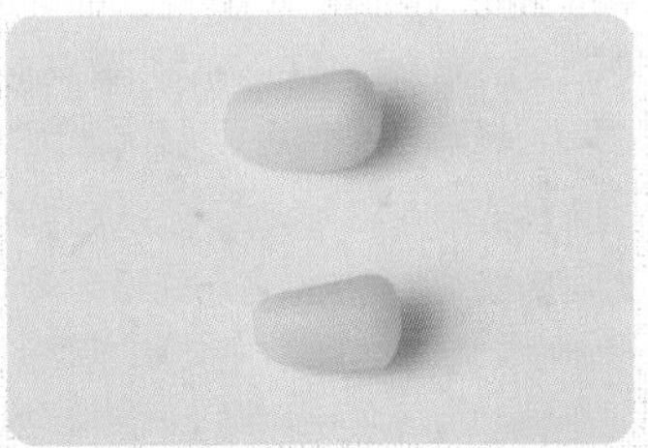

06 將 1.5 克的白色麵團揉成水滴形。

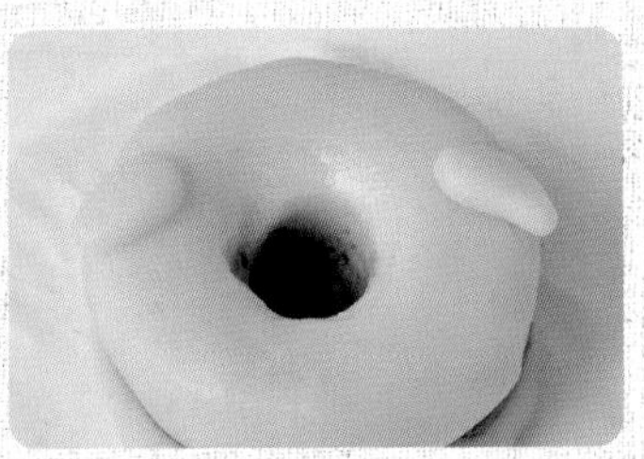

07 黏貼在圓餅的上方兩側，當成翅膀。

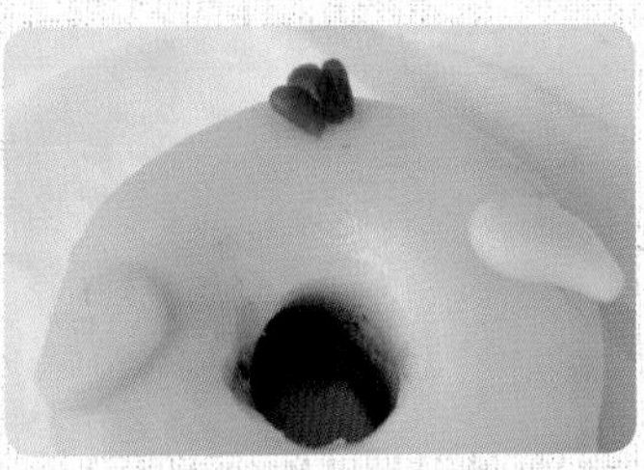

08 取 3 顆米粒大小的紅色麵團搓成水滴狀，黏貼在上方當雞冠。

09 取橘色麵團分別做出 2 大 1 小，滾圓後當成腳及嘴巴。

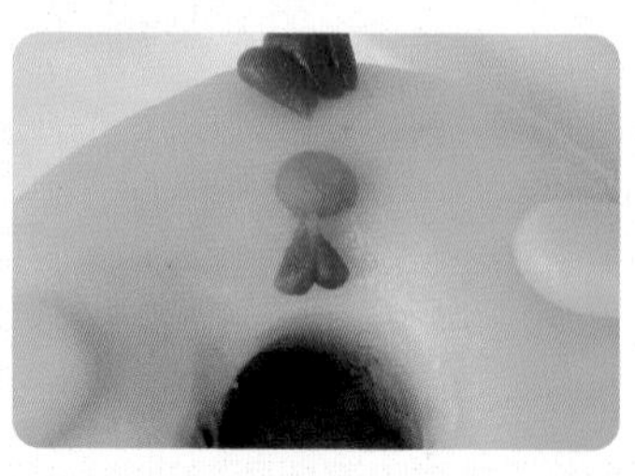

10 取些許紅色麵團，做出 2 個小水滴形，當成下巴的肉瘤。

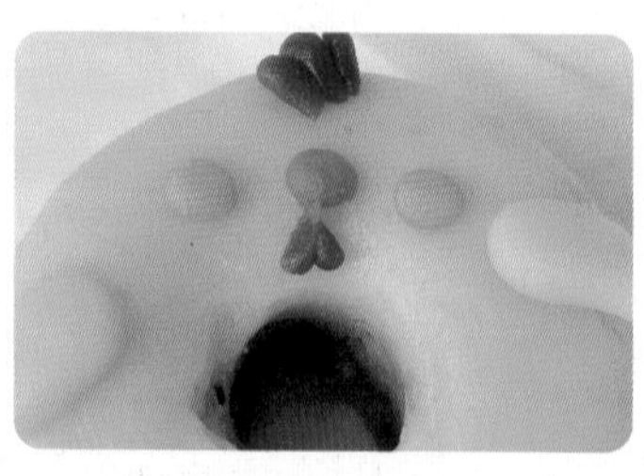

11 取些許粉色麵團，滾出 2 個綠豆大小的圓，黏在嘴巴兩側當腮紅。

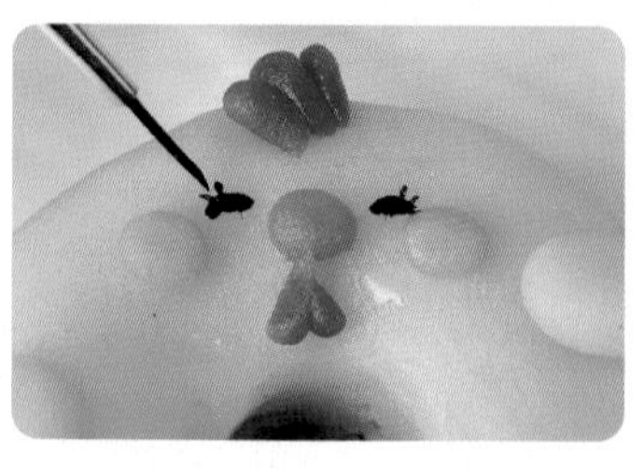

12 竹炭粉加水，調成墨汁，用小筆刷沾取畫上眼睛。

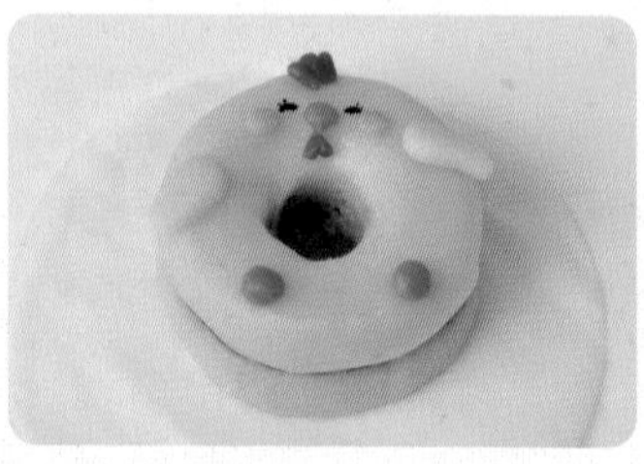

13 完成母雞甜甜圈造型。

14 取 2.5 克黃色麵團分成 1 顆 2 克及 2 顆 0.25 克。

15 將 2 顆 0.25 克黃色麵團揉成水滴形，放在兩側當翅膀。

16 依上述母雞的造型做出雞冠、嘴巴、腳及腮紅

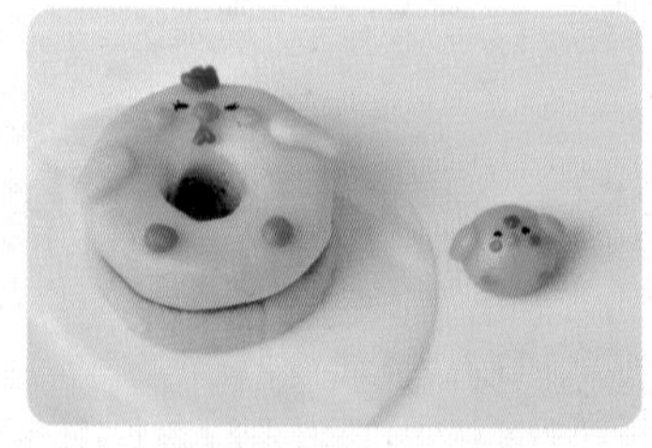

17 作品完成，入爐烘烤（見 P.33）。

美姬老師小叮嚀 如果要講究一點，小雞的部分也可以加一點內餡。

考試包「粽」

中階

材料 *Ingredients*

・白色麵團 18 克・綠色麵團 6 克・紅色麵團 3 克
・粉色麵團少許・內餡 12 克・竹炭粉少許

端午送「粽」，祝福每一位考生歡喜包高中！

考試包「粽」

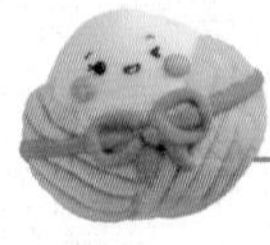

做法 *Step by Step*

01 準備好材料，分別滾圓備用。

02 將白色麵團壓扁，包入內餡，滾成光亮的圓球。

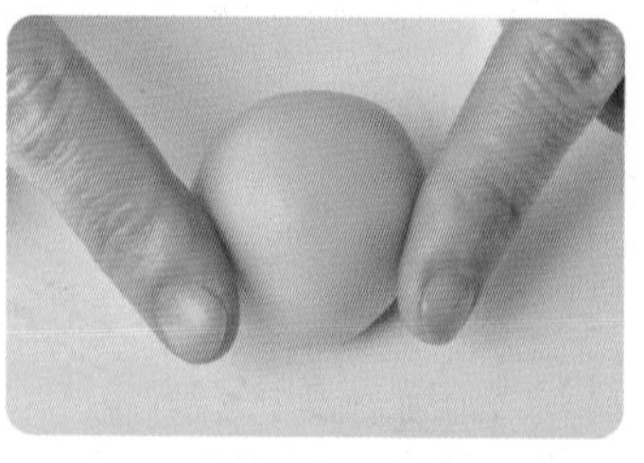

03 將圓球頂端捏尖，略微壓扁。

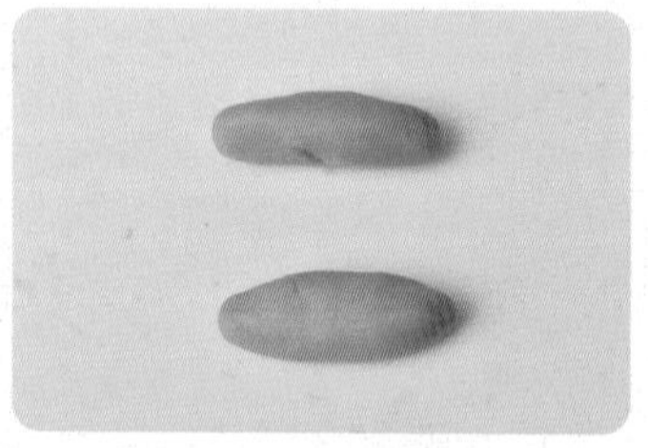

04 將綠色麵團分成2份，分別搓成橢圓形。

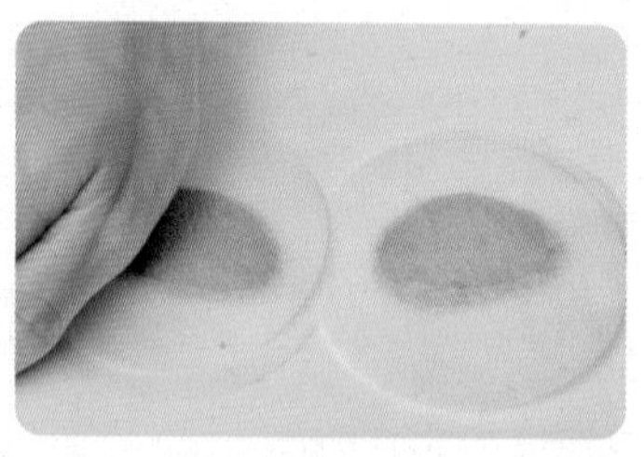

05 上下各墊一張饅頭紙，將綠色橢圓麵團壓扁。

06 黏貼在粽子下方。

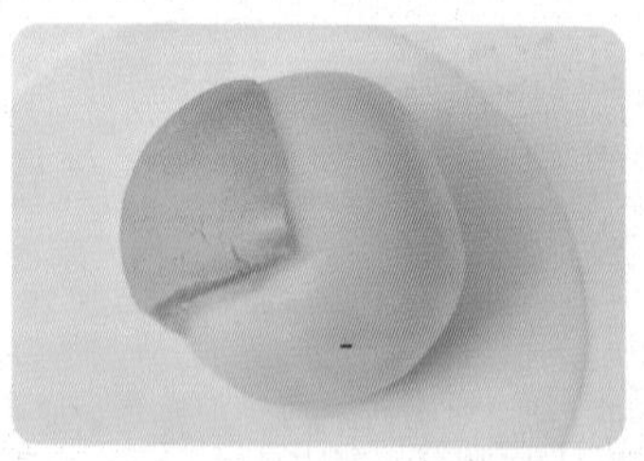

07 切掉會重疊的部分。

08 再將另一片葉子黏上。

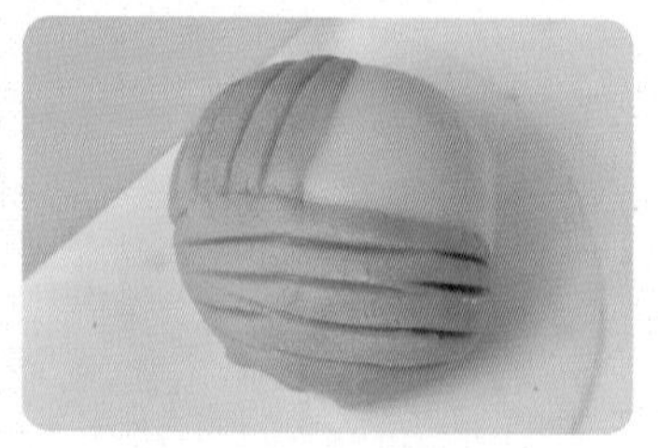

09 用切板壓出葉片紋路。

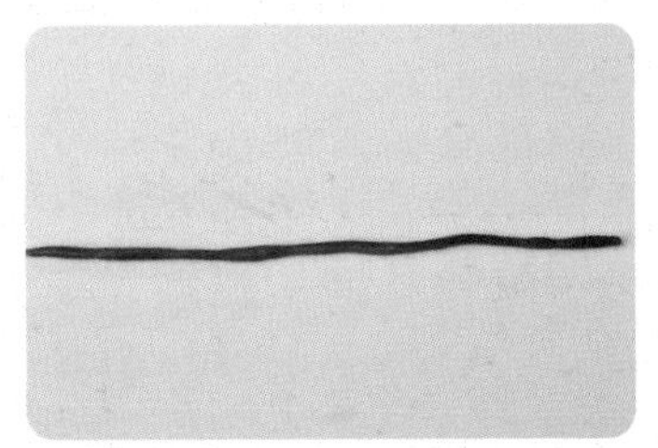

10 將紅色麵團搓成長條狀。

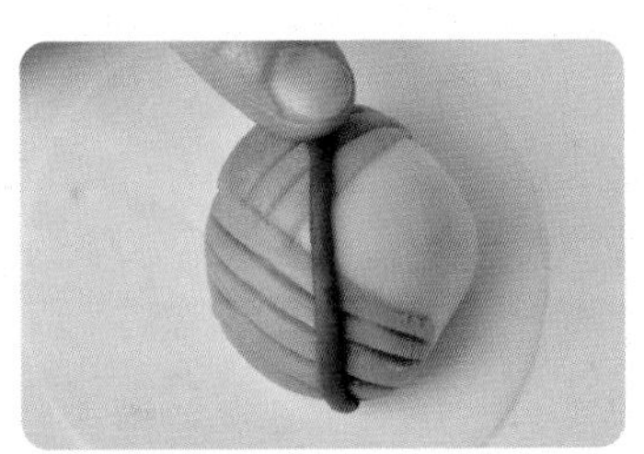

11 綁在粽子身上，略微壓扁。

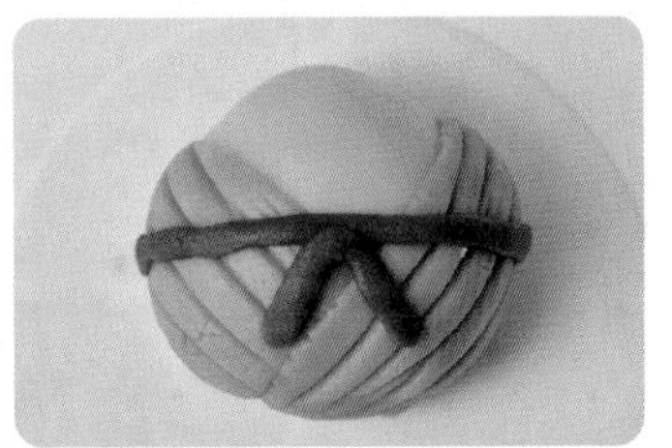

12 取剩餘的紅色麵團做出倒 V 字，黏貼在帶子上。

13 取剩餘的紅色麵團做成圓形。

14 轉一下變成 8 字。

15 黏貼在紅色腰帶上，做成蝴蝶結。

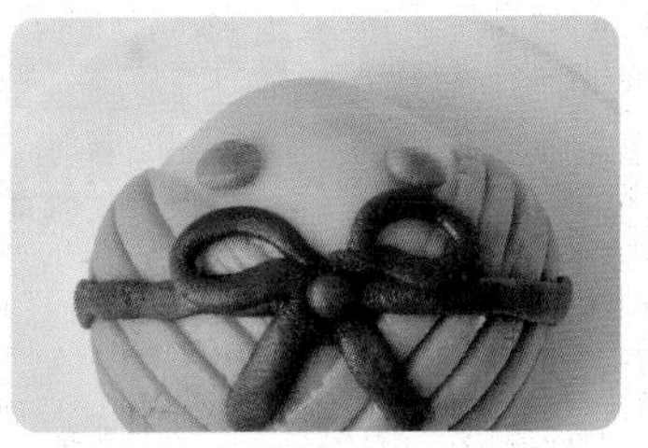

16 取 2 顆米粒大小的粉色麵團滾圓，貼在臉部做腮紅。

17 竹炭粉加水，調成墨汁，用小細筆沾取畫上眼睛等臉部表情。

18 造型完成，入爐烘烤（見 P.33）。

美姬老師小叮嚀

1. 步驟 07 切掉會重疊的部分，是怕烘烤時會烤不熟。
2. 表情是粽子最有趣的地方，可依個人的喜好設計。

抱抱無尾熊

高階

材料 *Ingredients*

・灰色麵團 30 克・白色麵團 3 克・粉色麵團 2 克・紅色麵團 1 克
・黑色麵團 1 克・棕色麵團少許・內餡 12 克及 3 克・竹炭粉少許

最愛抱著尤加利樹的無尾熊，憨厚的模樣，太可愛了！

做法 Step by Step

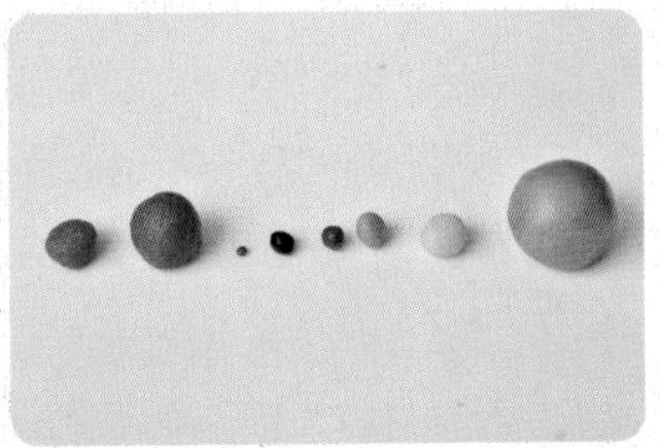

01 準備好材料，分別滾圓備用。

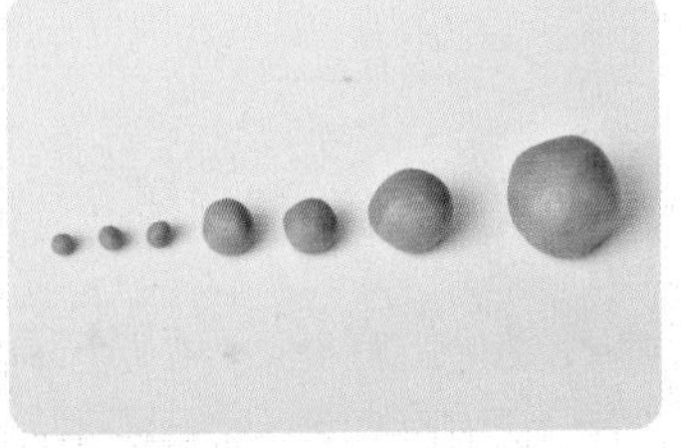

02 將灰色麵團分成 18 克、7 克、2 顆 2 克 及 3 顆等量的小球。

03 18 克的灰色麵團包入 12 克內餡；7 克灰色麵團包入 3 克內餡。分別滾成光亮的圓球。

04 將兩顆灰色圓球組合，大球當頭部；小球當身體。

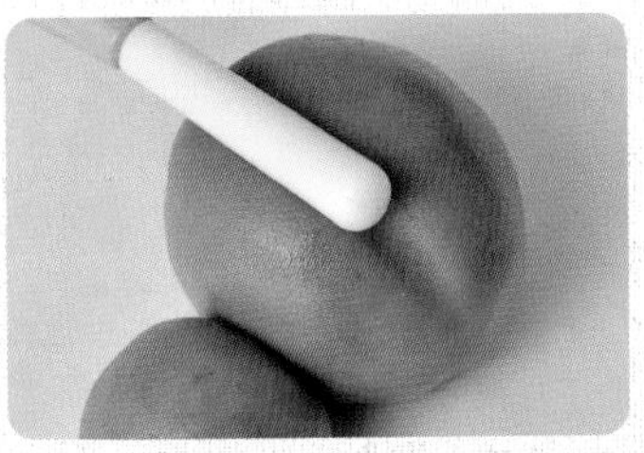

05 在大顆的灰色圓球上，用雕塑工具畫出臉部凹痕。

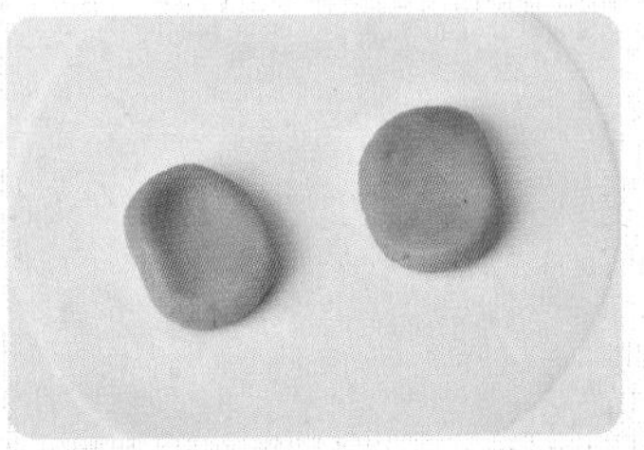

06 取 2 顆 2 克的灰色麵團壓扁備用。

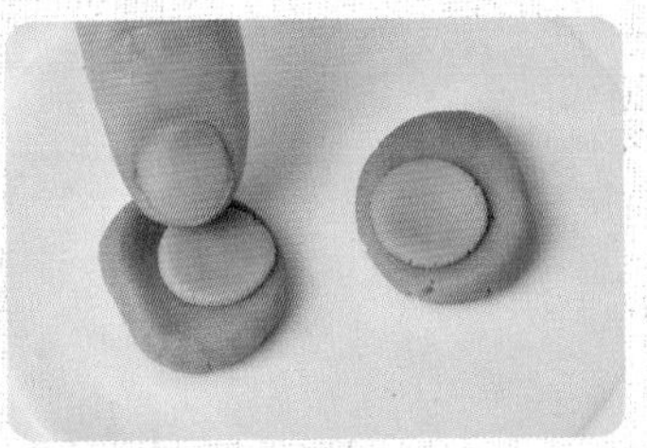

07 取 2 顆黃豆大小粉色麵團滾圓，貼在步驟 **06** 邊緣上壓扁。

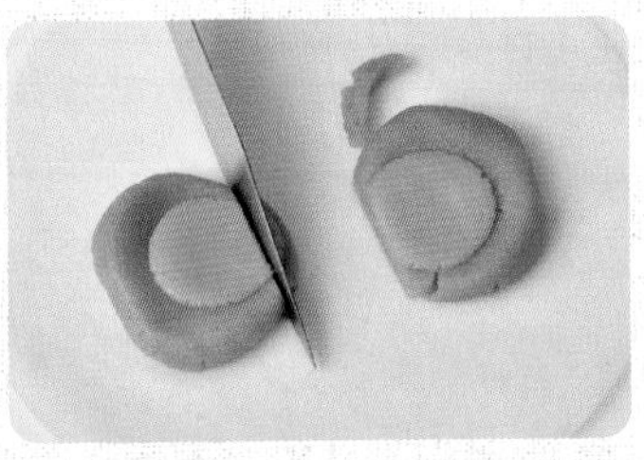

08 切掉交叉處的部分麵團。

09 黏貼在步驟 **05** 的頭部兩側當耳朵。

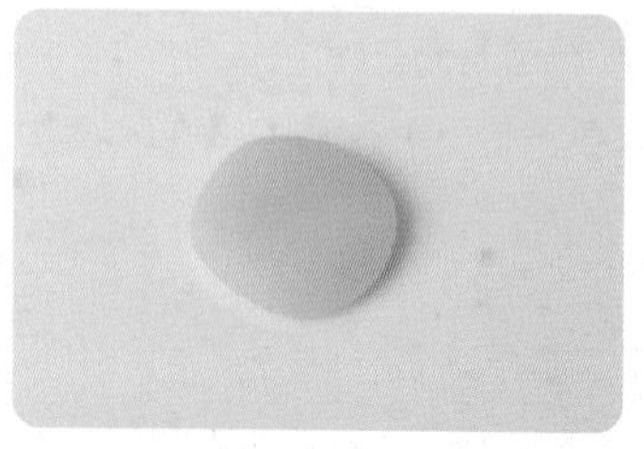

10 白色麵團取 1 克，滾圓後壓扁。

11 黏貼在身體上當肚子。

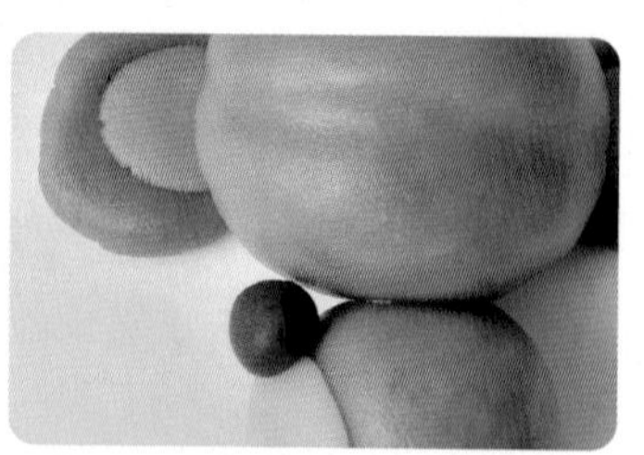

12 取約黃豆大小的紅色麵團，滾圓後黏在肚子上方。

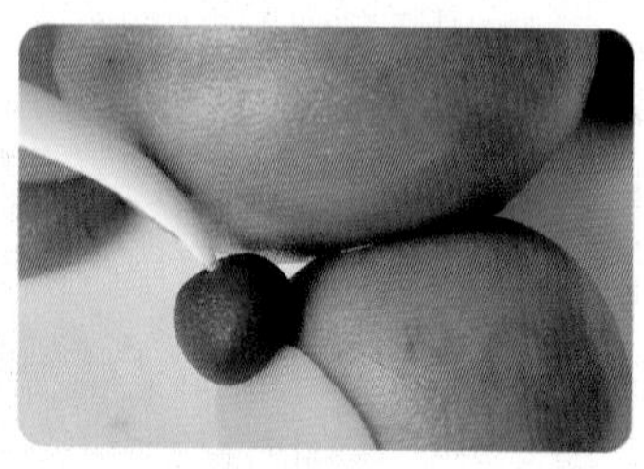

13 用雕塑工具戳出一個小洞。

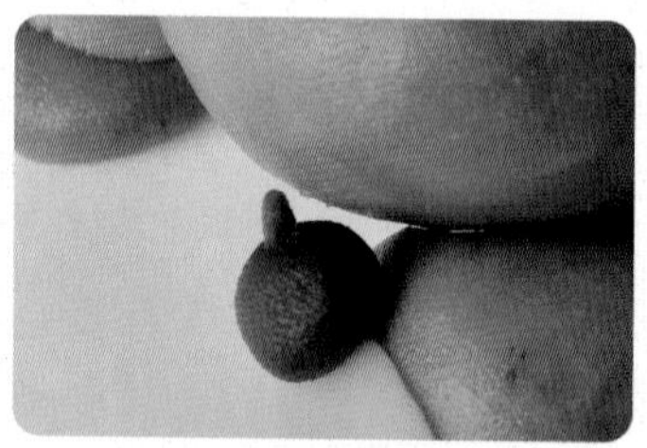

14 取棕色麵團約小米大小，搓成條狀，置於步驟 **13** 的凹洞上方當蒂頭。

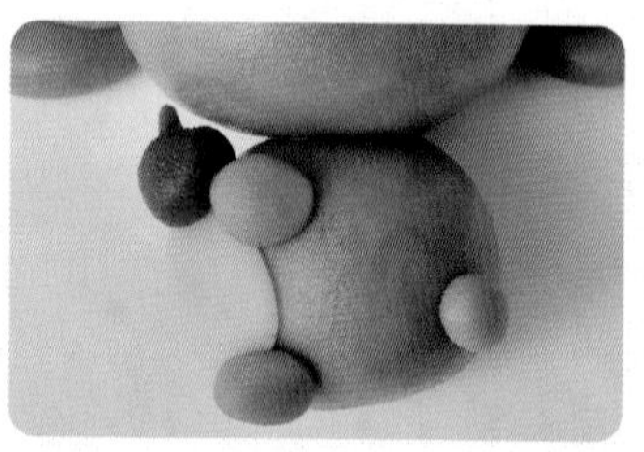

15 取剩餘的 3 顆灰色麵團，貼在身體上，分別當成手、腳及尾巴。

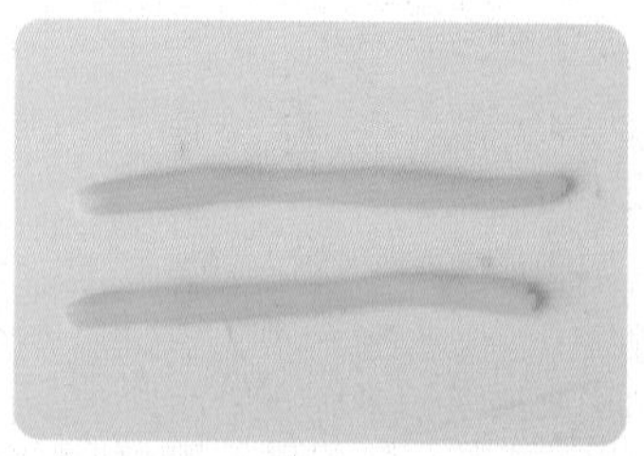

16 取剩餘的 2 克白色麵團，搓揉成 2 條長麵條。

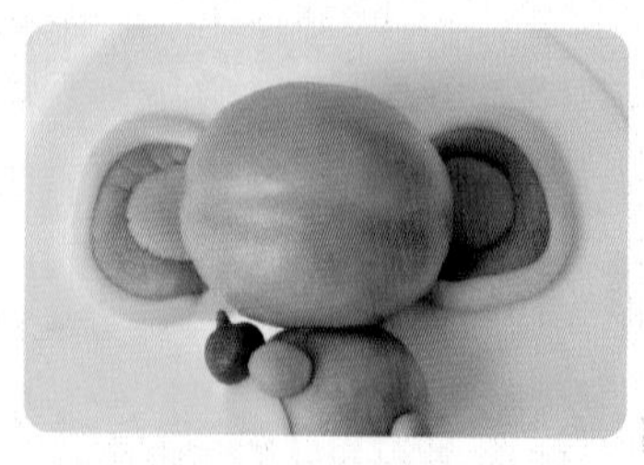

17 圍繞在耳朵邊。

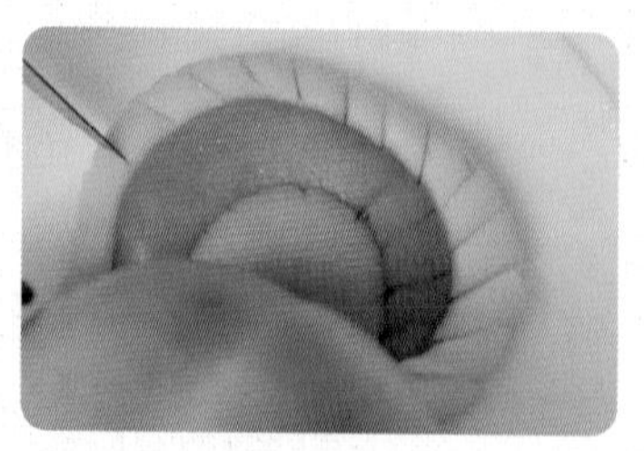

18 再以切割小刀切出紋路。

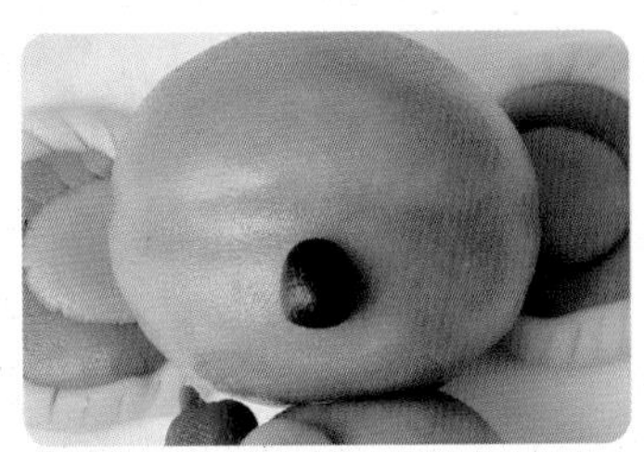

19 取約綠豆大小的黑色麵團，搓成水滴狀，黏在臉上當鼻子。

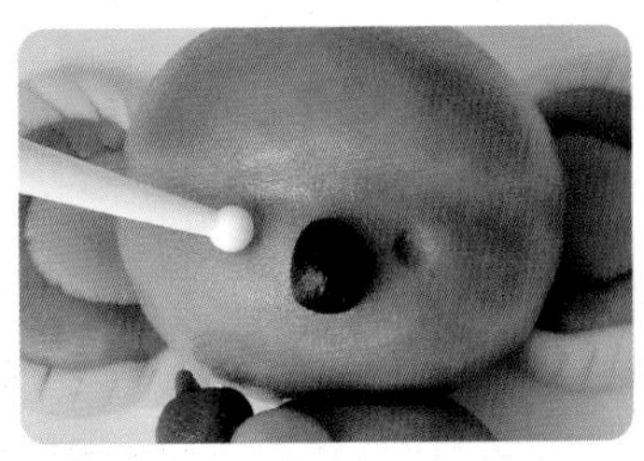

20 用雕塑工具壓出 2 個眼窩。

21 取 2 顆約米粒大小的黑色麵團，揉圓後貼在臉上當眼睛。

22 取剩餘的粉色麵團，揉出 2 顆約綠豆大小的圓球，貼在臉上當腮紅。

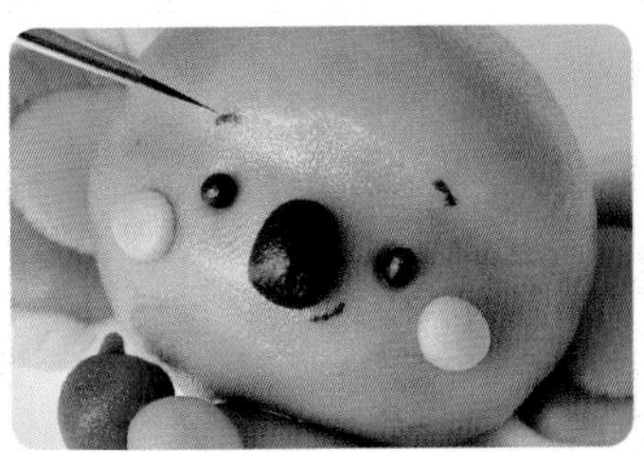

23 竹炭粉加水，調成墨汁，以小筆刷沾取畫上眉毛。

24 造型完成，入爐烘烤（見 P.33）。

美姬老師小叮嚀

1. 底部壓平後，作品就可以站立。（圖 A）
2. 步驟 **16～18** 耳朵的外圈可省略。

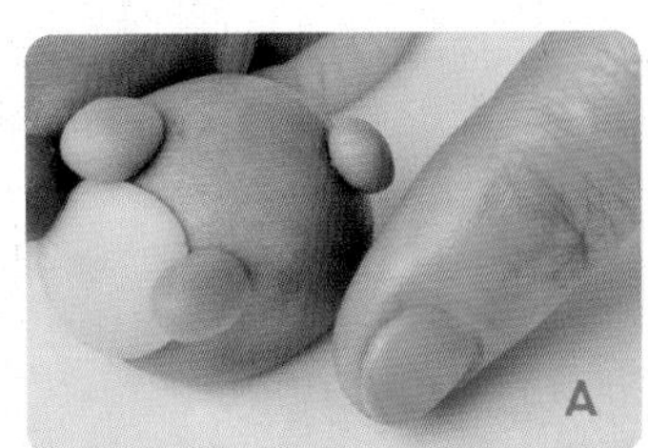
A

聖誕老公公

高階

叮叮噹，叮叮噹！何妨聖誕節也來個鳳梨酥?!

材料 *Ingredients*

・粉色麵團 18 克・紅色麵團 5 克・白色麵團 4.5 克
・深粉色、綠色麵團少許・內餡 12 克・竹炭粉少許

做法 *Step by Step*

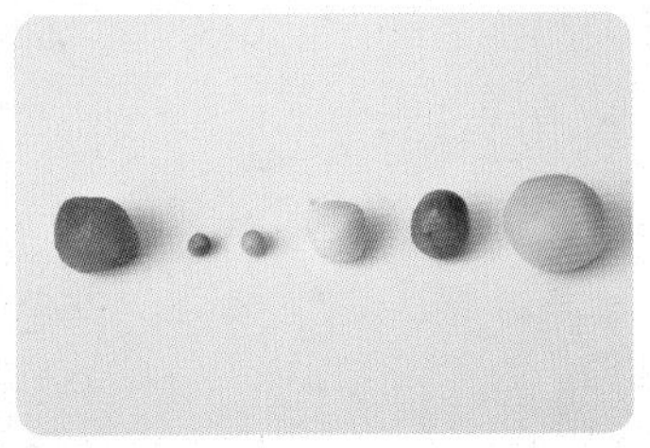

01 準備好材料，分別滾圓備用。

02 將白色麵團分成 3 克及 1.5 克。

03 粉色麵團壓扁，包入內餡，滾成光亮的圓球。

04 將 5 克紅色麵團搓成橢圓形。

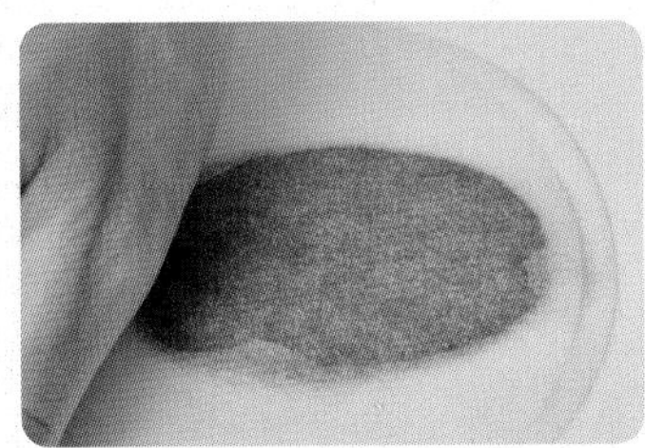

05 上下各墊一張饅頭紙壓扁。

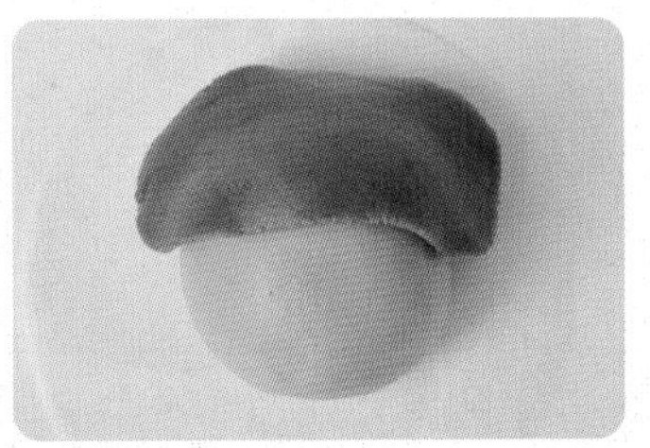

06 貼在圓球上方 1/3 處。

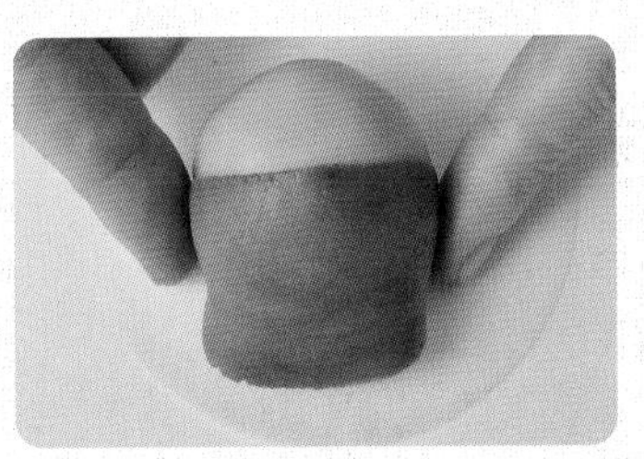

07 用手將兩邊收起。

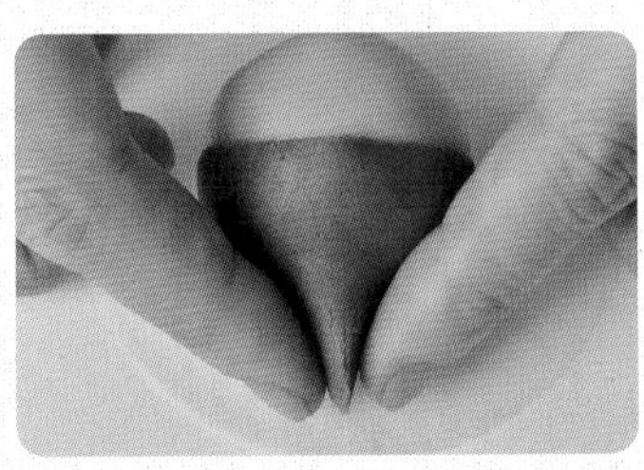

08 再做出尖帽狀。

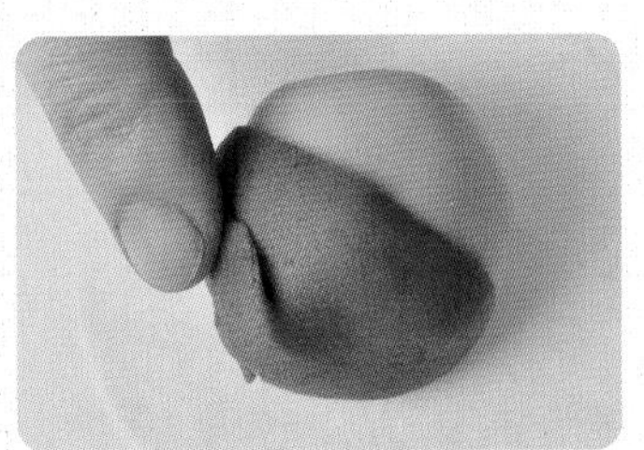

09 將帽子往下彎曲。

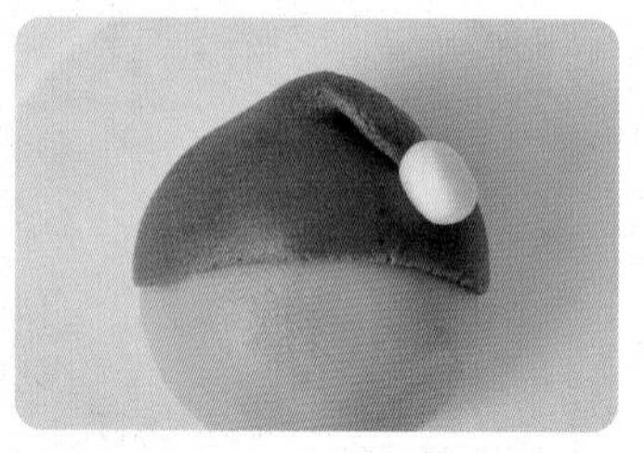

10 取 1.5 克的白色麵團，先搓出約黃豆大小揉圓，做成帽尖處的球球。

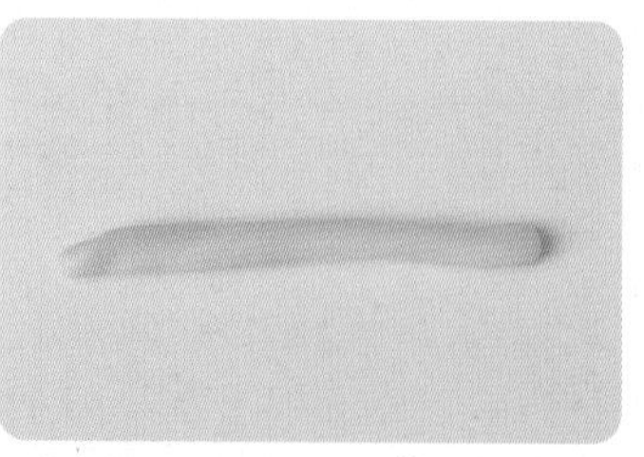

11 取步驟 **10** 剩下的白色麵團搓成長條狀。

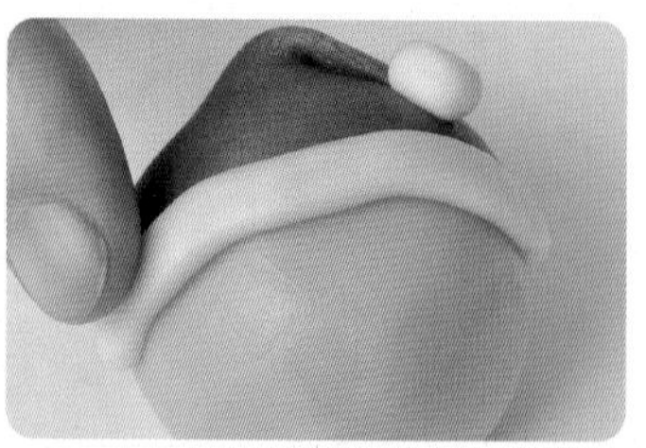

12 貼在帽子與臉部的接縫處，再略微壓扁。

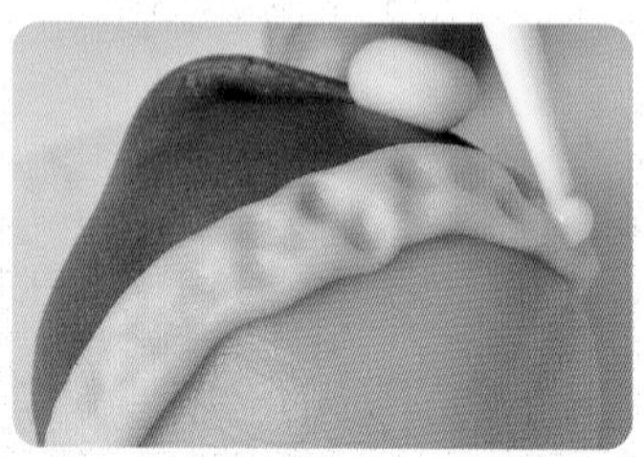

13 用雕塑工具壓出帽沿的紋路。

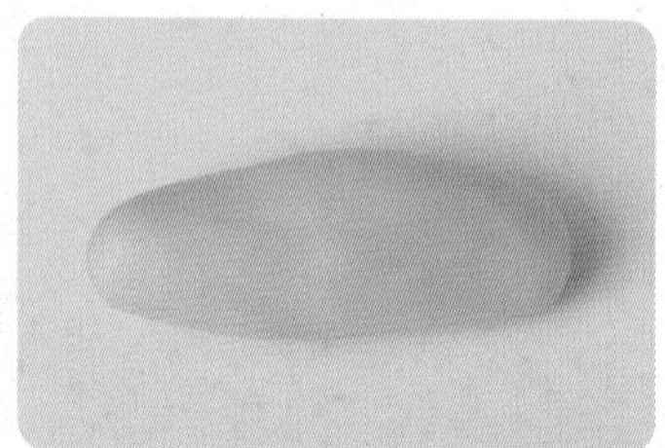

14 取 3 克的白色麵團揉成梭形。

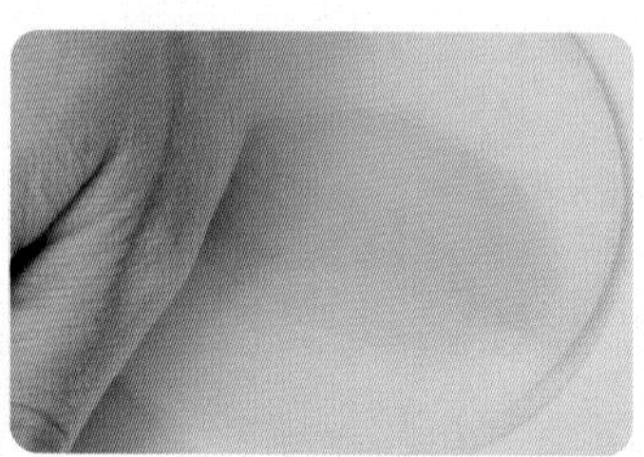

15 上下各墊一張饅頭紙壓扁。

16 貼在下方 1/3 做成鬍子。

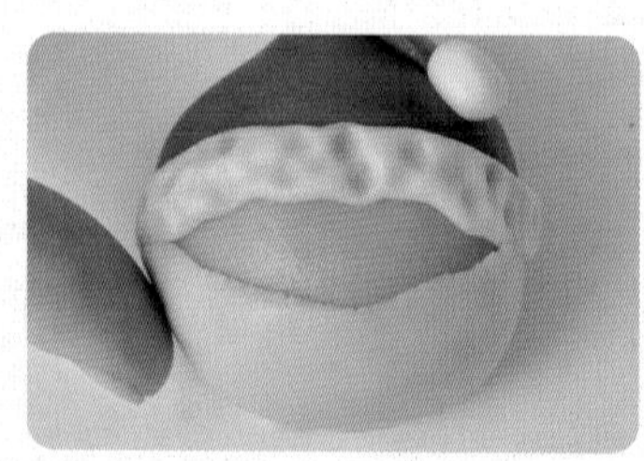

17 將鬍子收圓，多餘的麵皮切掉。

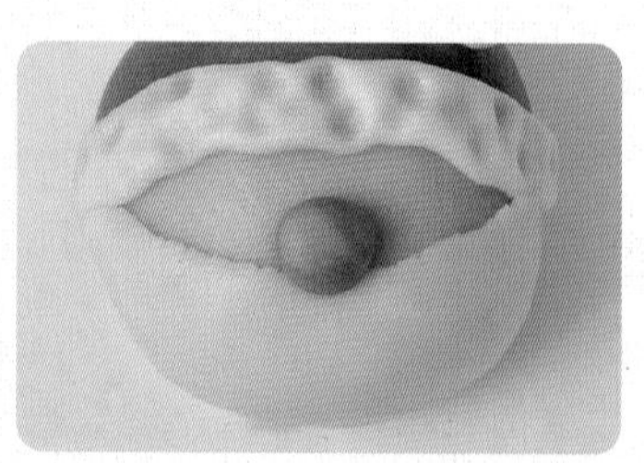

18 深粉色麵團取紅豆大小滾圓，貼在中間做鼻子。

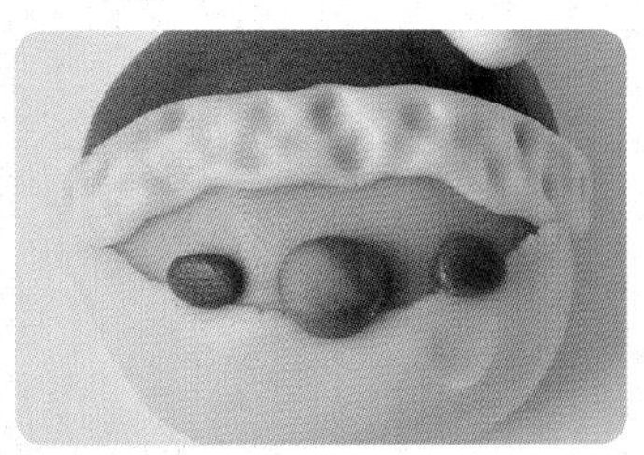

19 剩餘的深粉色麵團取 2 顆約綠豆大小滾圓，黏貼在鼻子兩側做腮紅。

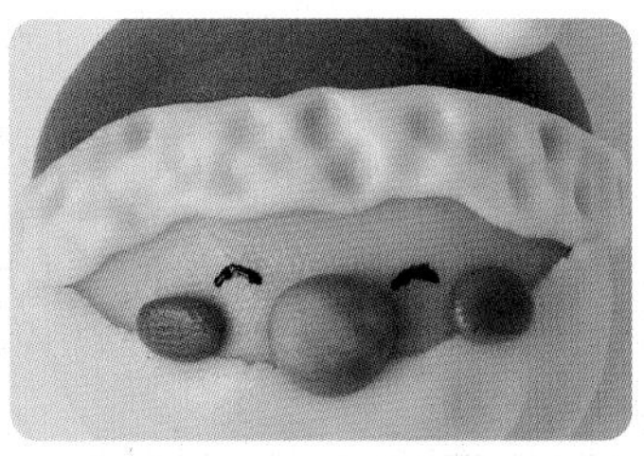

20 竹炭粉加水，調成的墨汁，以小筆刷沾取畫上眼睛。

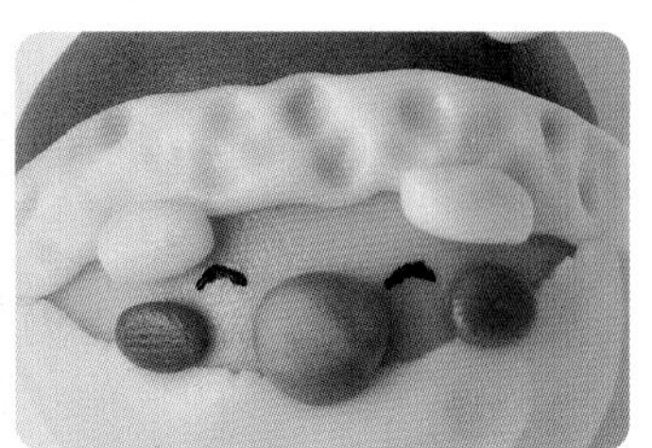

21 步驟 17 剩餘的白色麵團取 2 顆綠豆大小搓成小橢圓，黏在眼睛上方做眉毛。

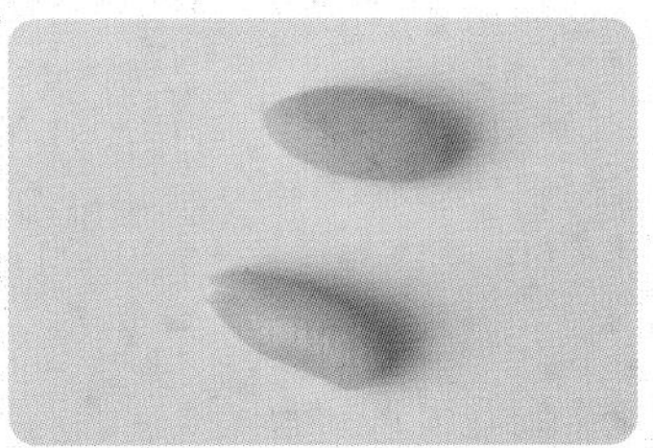

22 取 2 顆約小米大小的綠色麵團搓成水滴狀。

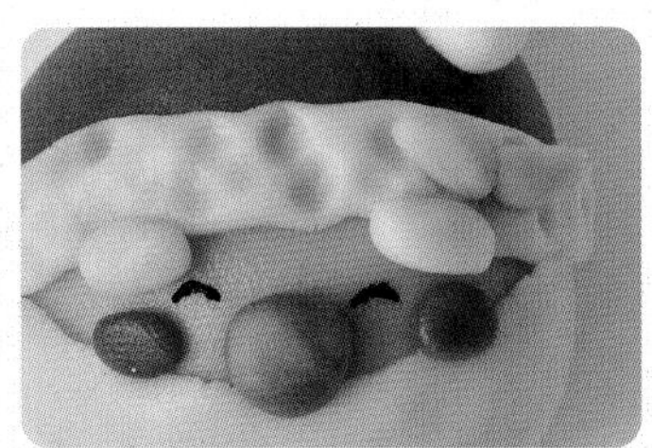

23 貼在帽沿上做成葉子裝飾。

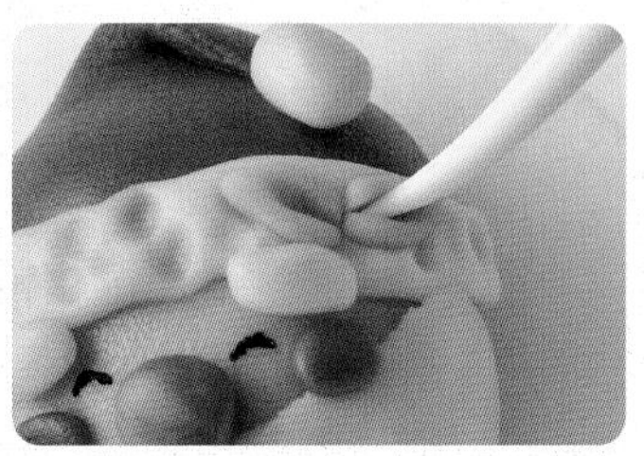

24 用雕塑工具壓出葉脈紋路。

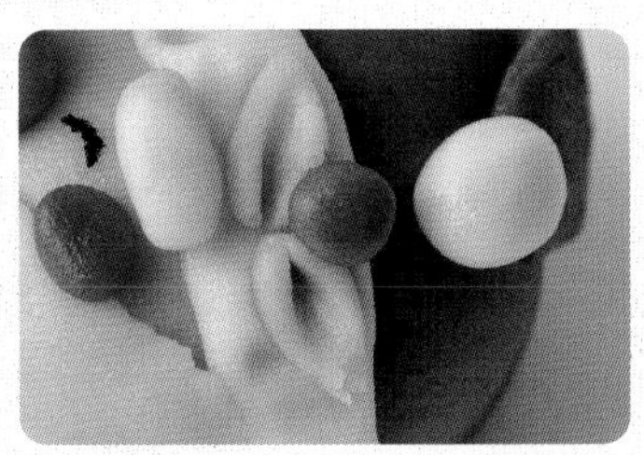

25 取剩餘的紅色麵團搓圓，貼在葉子上方做花朵。

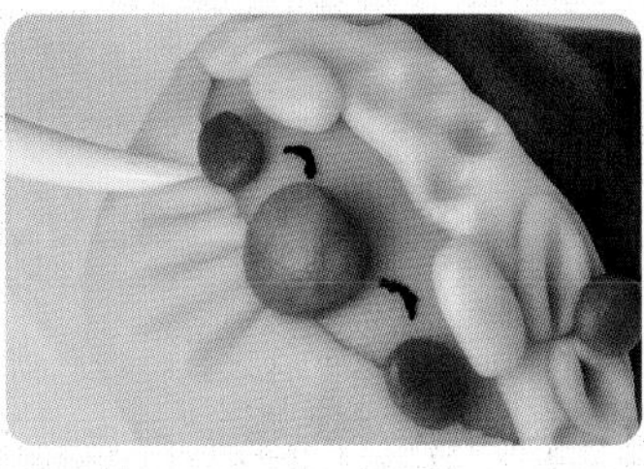

26 用雕塑工具壓出鬍子紋路。

27 造型完成，入爐烘烤（P.33）。

美姬老師小叮嚀

1. 帽沿的裝飾可視個人的喜好多做變化。
2. 聖誕節是送禮熱門節慶，送上獨特的聖誕老公公鳳梨酥，更具話題性。

貪吃天竺鼠

中階

天竺鼠抱瓜子，萌樣超有趣！

材料 *Ingredients*

・白色麵團 20 克・黃色麵團 3 克・粉色、紅色及黑色麵團少許
・內餡 12 克・竹炭粉少許

做法 Step by Step

01 準備好材料，分別滾圓備用。

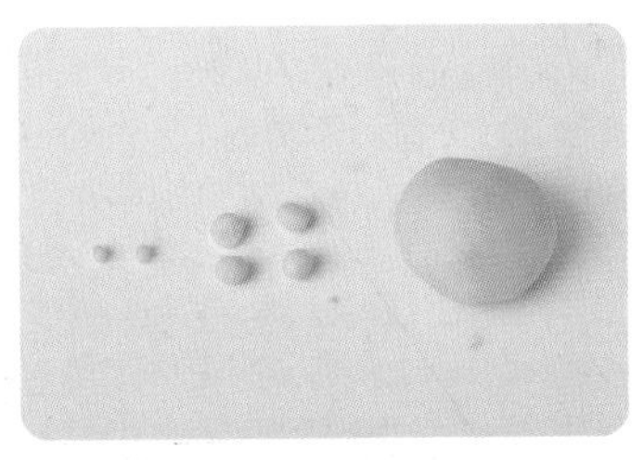

02 將白色麵團分別 1 顆 18 克、4 顆黃豆大小、2 顆米粒大小，滾圓備用。

03 將 18 克白色麵團壓扁，包入內餡，滾成光亮的圓球。

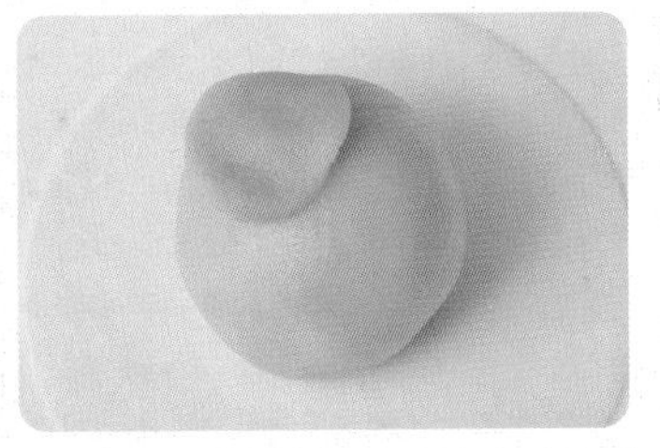

04 取 2 克黃色麵團滾圓，壓成麵皮，貼在圓球上方。

05 再次將麵團滾圓。

06 將麵團推高，黃色麵皮部位在頭頂位置。

07 剩下 1 克黃色麵團，取 2 顆紅豆大小滾圓，貼在頭頂做耳朵。

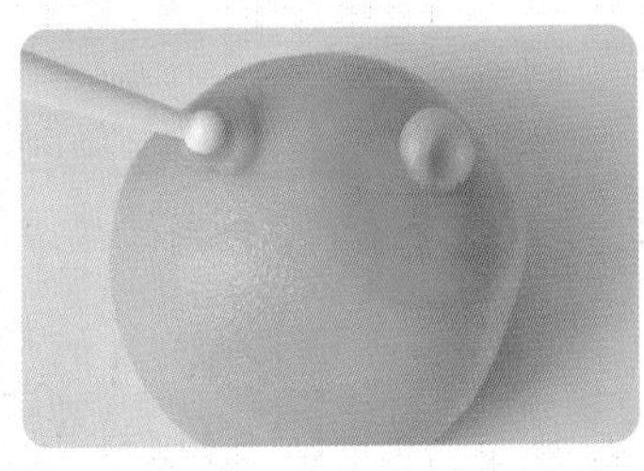

08 用雕塑工具壓出耳朵凹槽。

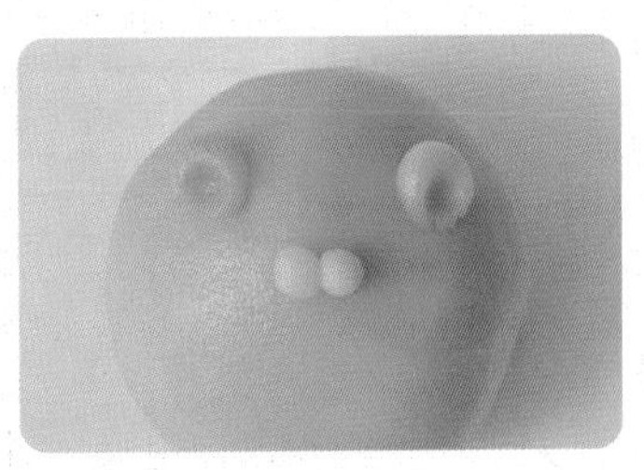

09 搓出 2 顆米粒大小的白色小球，貼在臉部做鼻子。

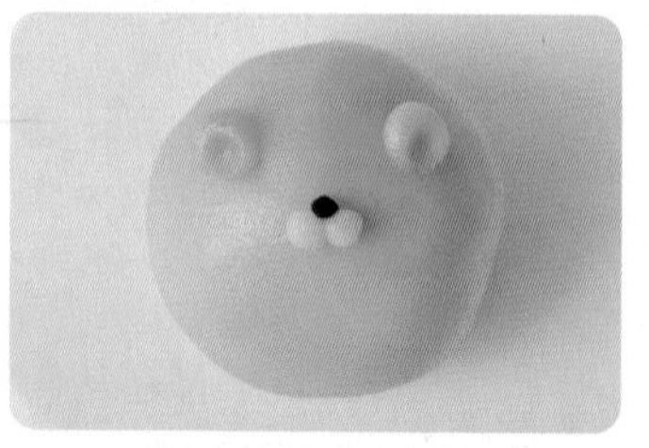

10 搓出 1 顆芝麻大小的黑色小球做鼻頭。

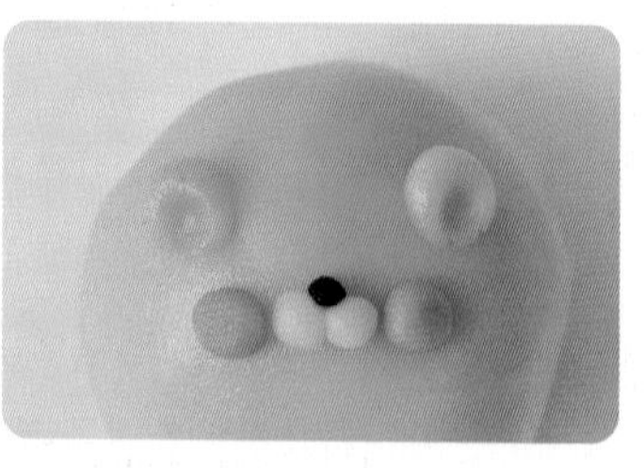

11 取 2 顆紅豆大小的粉色麵團，滾圓後貼在臉頰兩側做腮紅。

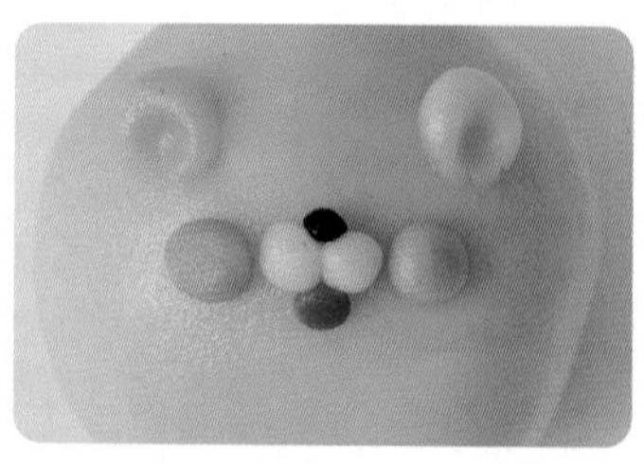

12 取 1 顆芝麻大小的紅色麵團，滾圓後貼在鼻子下方做舌頭。

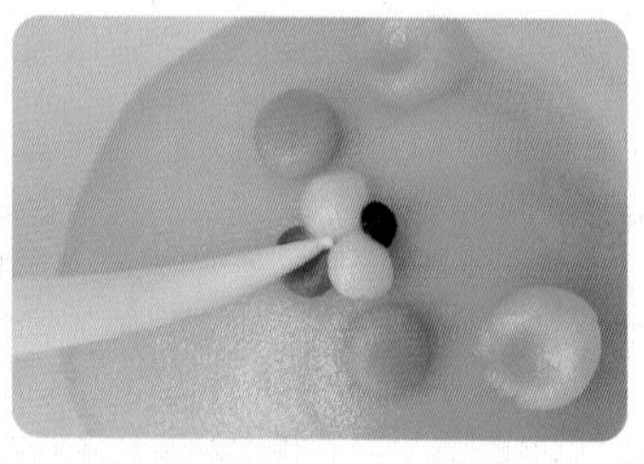

13 用雕塑工具壓出舌頭凹洞。

14 取少許白色和黑色麵團，大致混成大理石紋路，搓成水滴形壓扁。

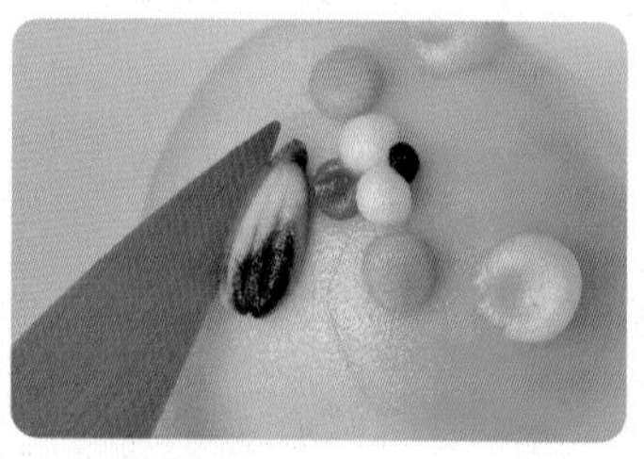

15 貼在身體做葵瓜子，用小刀切割出瓜子紋路。

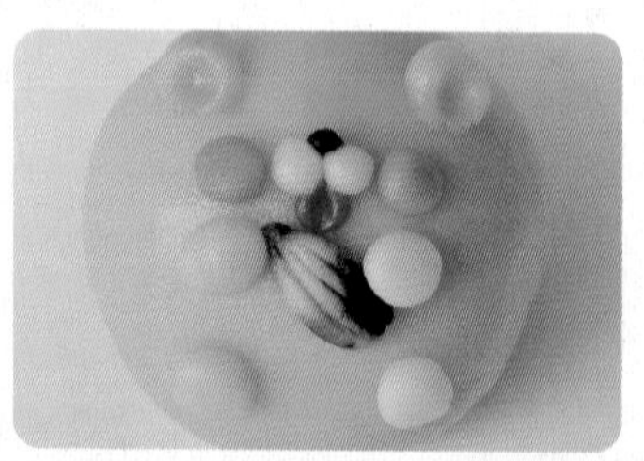

16 取 4 顆白色小球貼在身體上方做手腳。

17 竹炭粉加水，調成墨汁，用小筆刷沾取後畫上眼睛。

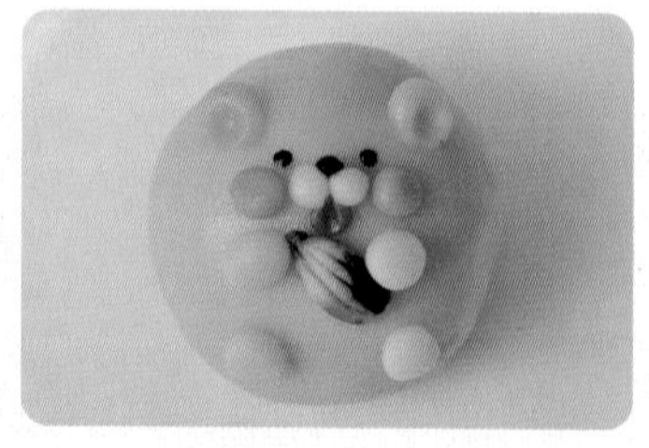

18 造型完成，入爐烘烤（見 P.33）。

美姬老師小叮嚀 天竺鼠身體及斑紋的顏色可以依個人喜好變換。

呆萌黑企鵝

中階

圓滾滾、走路搖搖擺擺的呆萌模樣，太可愛了！

材料 *Ingredients*

・白色麵團 18 克・黑色麵團 6 克・橘色麵團 2 克
・紅色麵團 0.5 克・粉色麵團少許・內餡 12 克・竹炭粉少許

呆萌黑企鵝

做法 *Step by Step*

01 準備好材料，分別滾圓備用。

02 將黑色麵團分成 1 顆 5 克及 2 顆 0.5 克小球，滾圓備用。

03 18 克白色麵團壓扁，包入內餡，滾成光亮的圓球。

04 將 5 克的黑色麵團揉成長梭形。

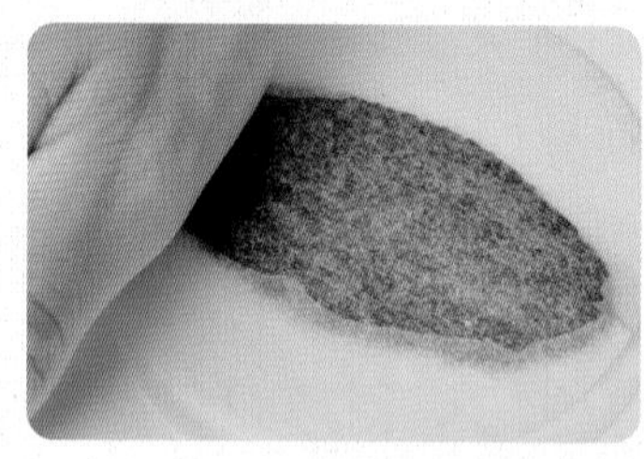

05 上下各放一張饅頭紙，將步驟 04 的黑色麵團壓扁。

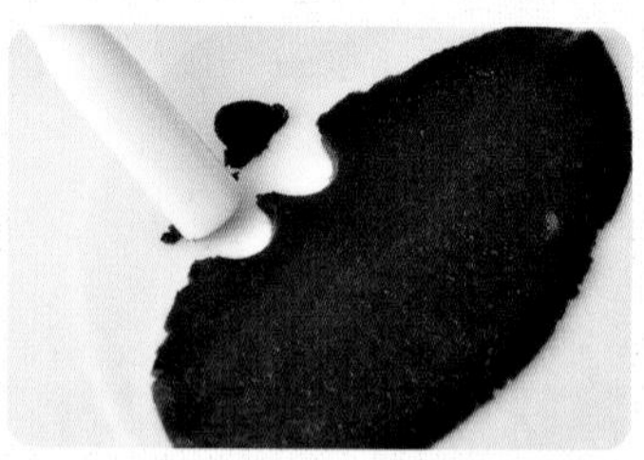

06 取雕塑工具壓出 M 字。

07 將步驟 06 黏貼在步驟 03 的圓球上。

08 將 2 顆 0.5 克黑色小球揉成水滴形，黏在身體兩側當成翅膀。

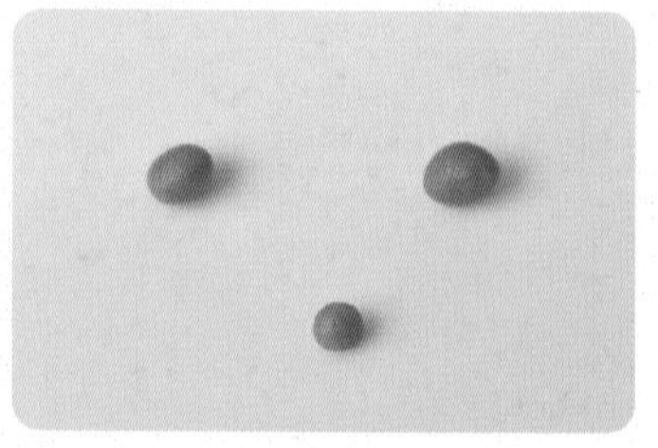

09 取橘色麵團分成 2 大 1 小的小球。

10 分別黏貼在身上當成腳及嘴巴。

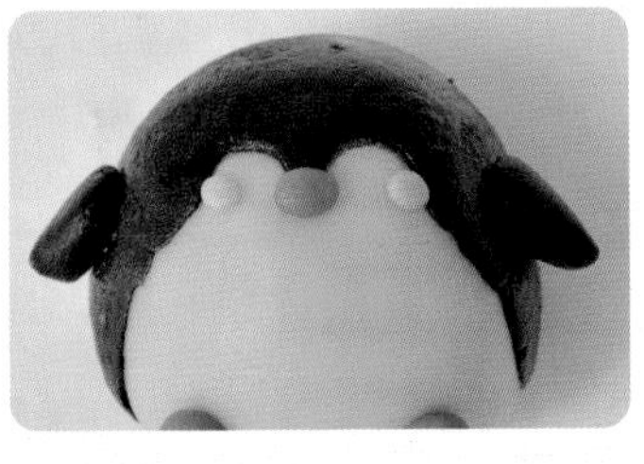

11 取 2 個小米大小的粉色麵團，揉圓後黏在臉上當腮紅。

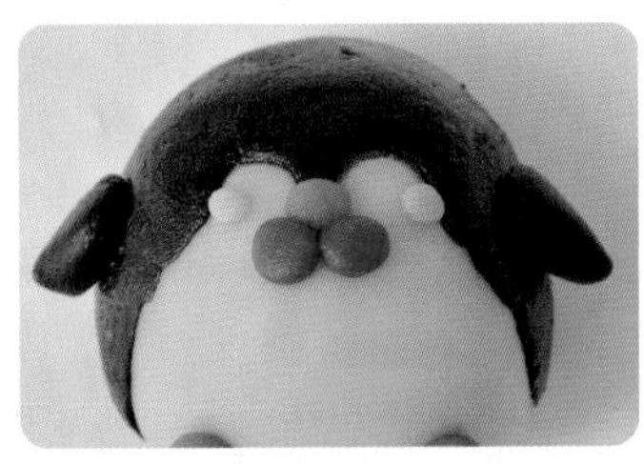

12 將紅色麵團分成 2 顆小球，黏在嘴巴下方當領結。

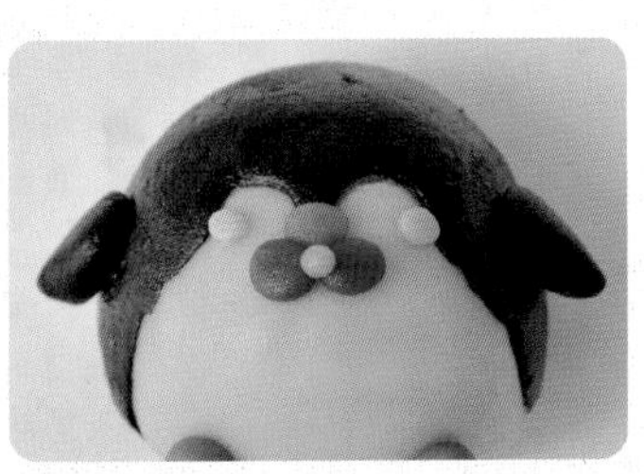

13 剩餘的粉色麵團，取芝麻大小揉圓，黏在領結上方。

14 竹炭粉加水，調成墨汁，以小筆刷沾取，畫上眼睛。

15 造型完成，入爐烘烤（見 P.33）。

美姬老師小叮嚀

領結的顏色、位置，都可以自由變化。眼睛也可以自由發揮。

喵喵小花貓

高階

肉肉的小手手、迷人的眼睛，融化你我的心！

材料 *Ingredients*

・黃色麵團 25 克・棕色麵團 2 克・白色麵團 2 克
・紅色、粉色、黑色麵團少許・內餡 12 克・紅麴粉少許

做法 Step by Step

01 準備好材料，分別滾圓備用。

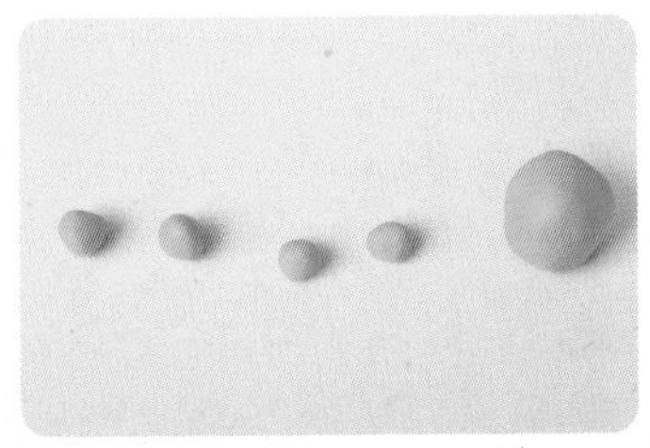

02 將25克黃色麵團分割成18克、2顆1.5克及2顆2克，滾圓備用。

03 將內餡包入18克的黃色麵團裡，滾成光亮的圓球。

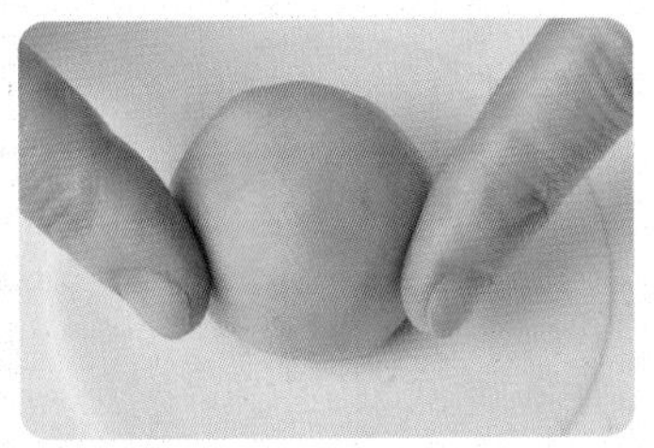

04 以手指略微壓出貓咪的頭型。

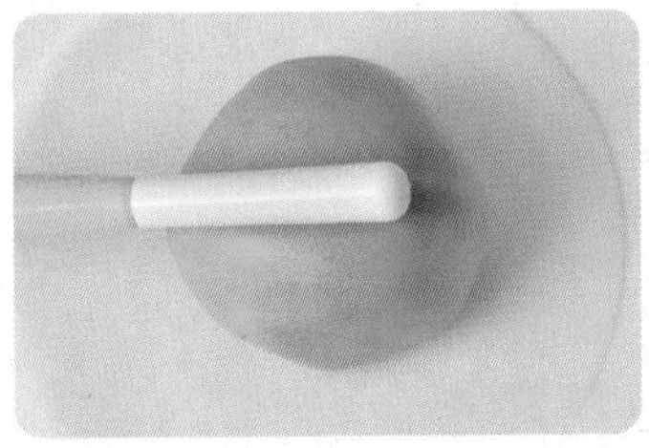

05 在頭部一半的地方以雕塑工具壓出眼窩。

06 取2顆1.5克的黃色麵團捏出三角形。

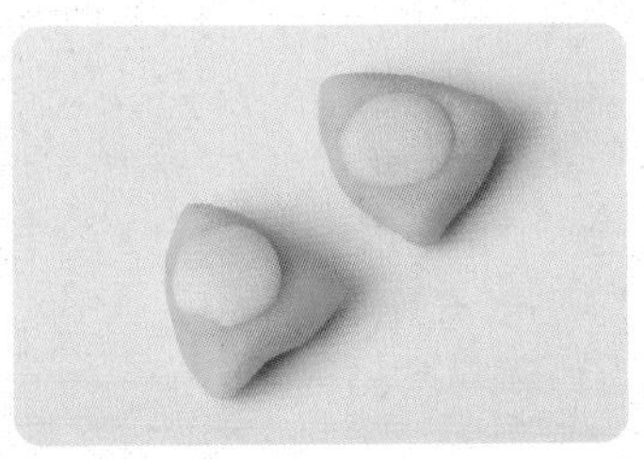

07 取0.5克白色麵團分成2個小圓球，貼在三角麵團裡，做成耳窩。

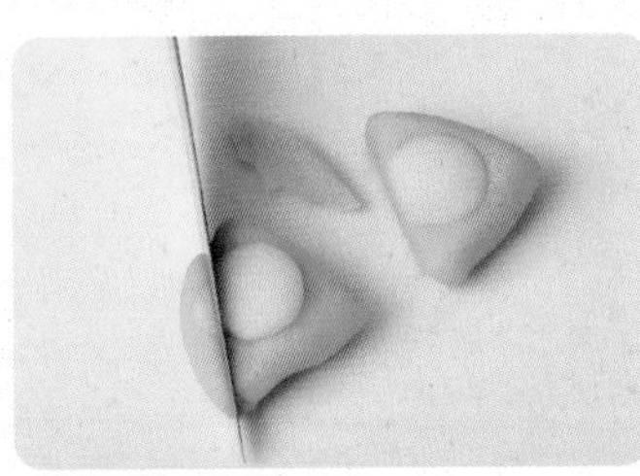

08 用小刀切掉些許，增加耳朵立體感。

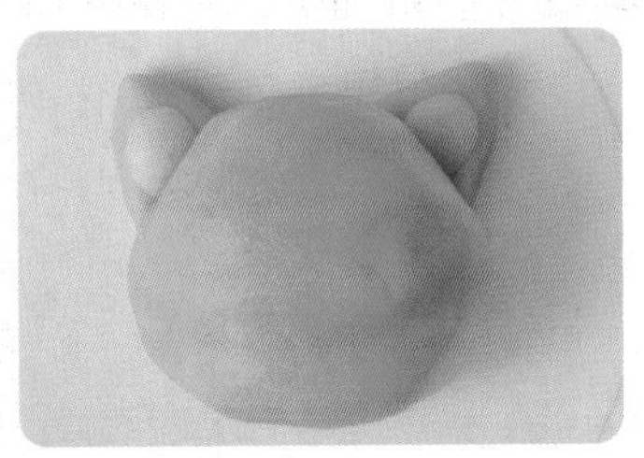

09 貼在頭頂做耳朵。

10 取1.5克白色麵團，分成2個小圓球貼在臉部做鼻子。

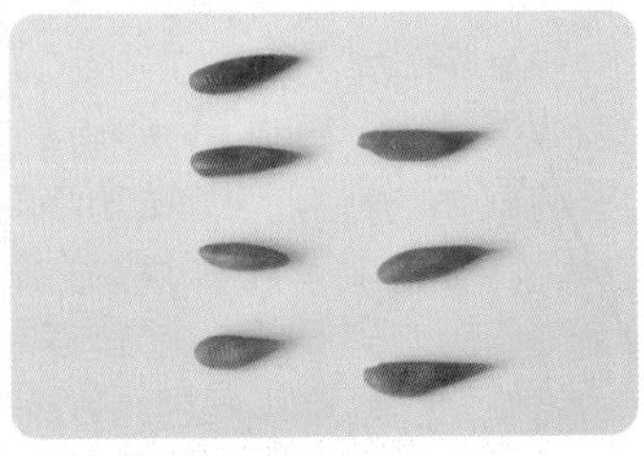

11 將棕色麵團分成7條大小不等的長條。

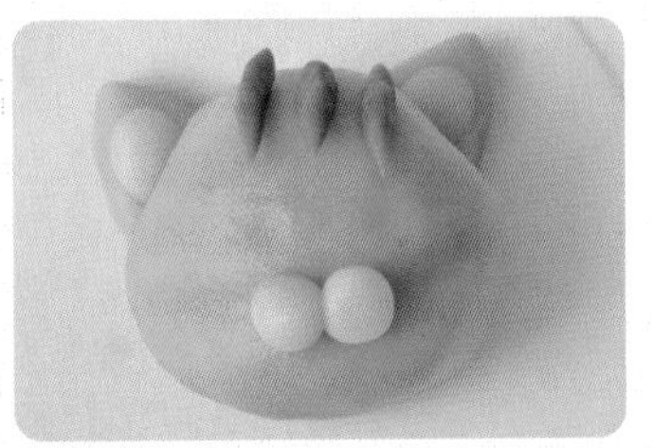

12 取3條置於頭部，做頭頂的花紋。

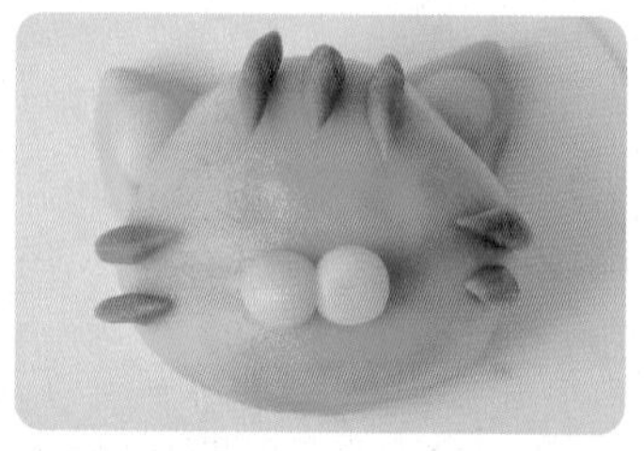

13 臉部左右兩邊各貼兩條，當作臉上斑紋。

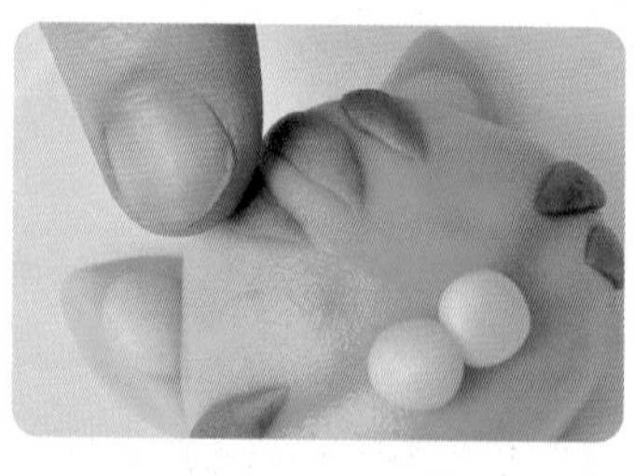

14 將棕色麵條都略微壓扁。

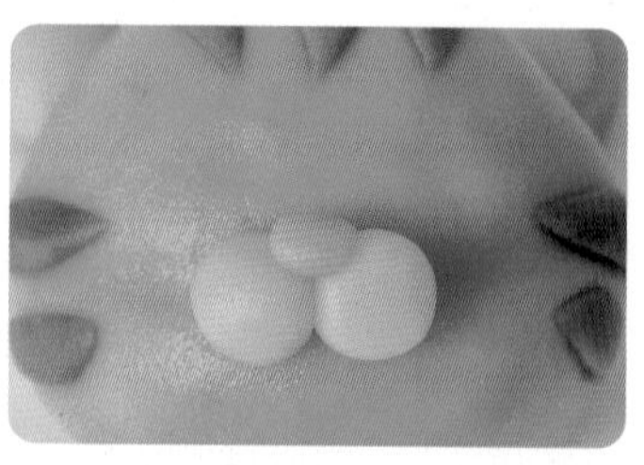

15 取綠豆大小的粉色麵團搓圓當鼻頭。

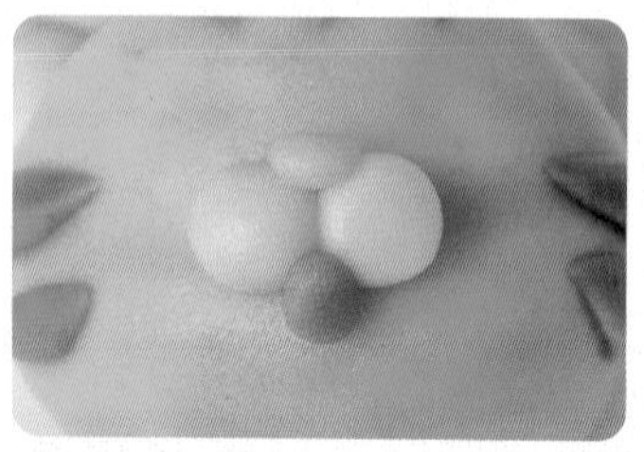

16 取黃豆大小的紅色麵團搓圓當舌頭。

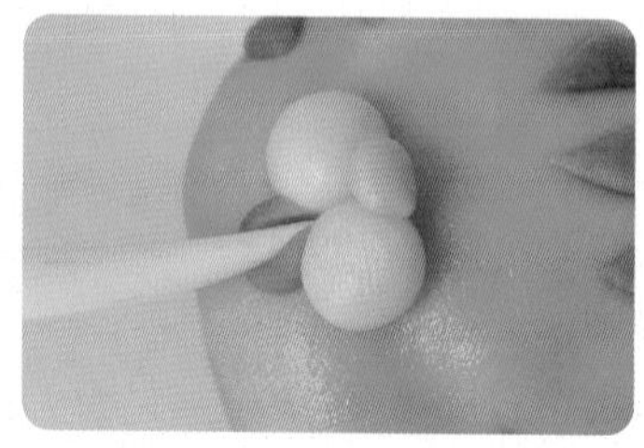

17 用雕塑工具壓出舌頭紋路。

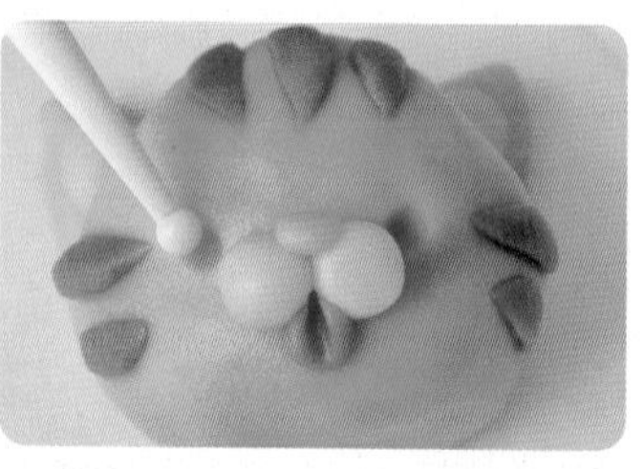

18 用雕塑工具壓出眼窩的位置。

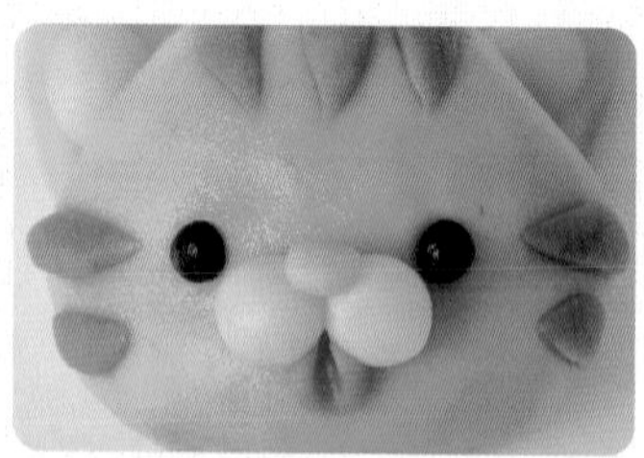

19 取兩顆綠豆大小的黑色麵團搓圓做眼睛。

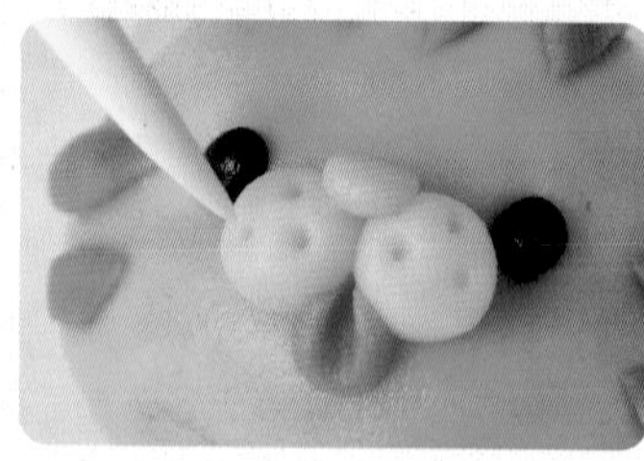

20 用雕塑工具戳出鼻上的鬍鬚毛孔。

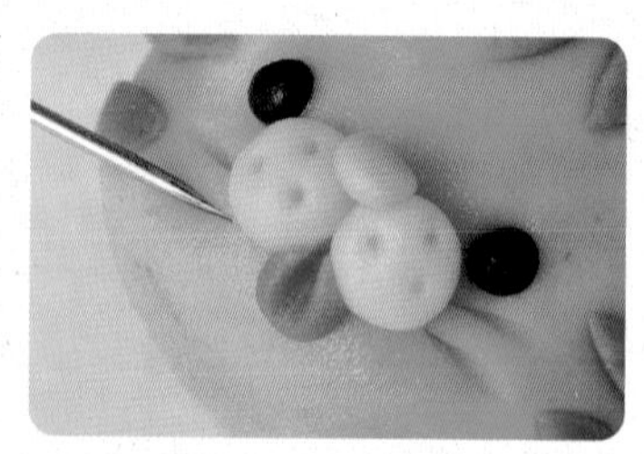

21 用雕塑工具壓出鬍鬚的紋路。

22 用小刀壓出眉毛的紋路。

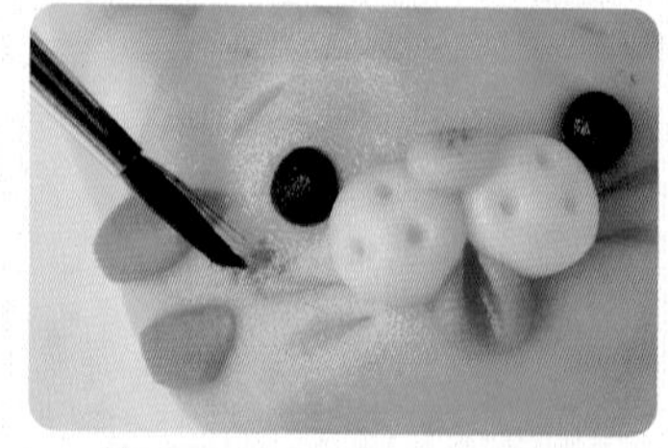

23 紅麴粉加水，調成色膏，用小筆刷沾取，畫上腮紅。

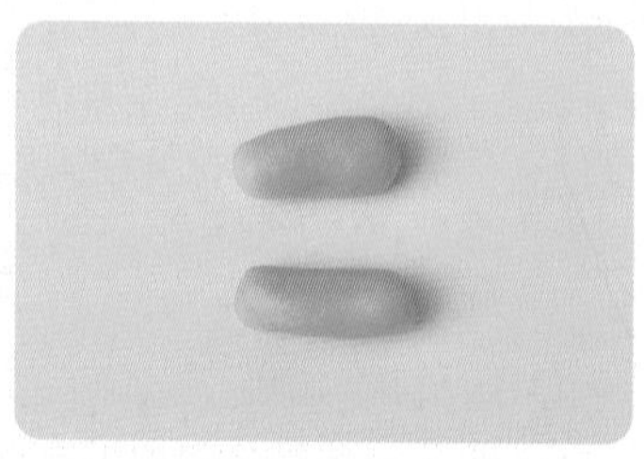

24 取 2 顆 2 克的黃色麵團搓成圓柱體。

25 黏貼在頭部下方做貓咪手手。

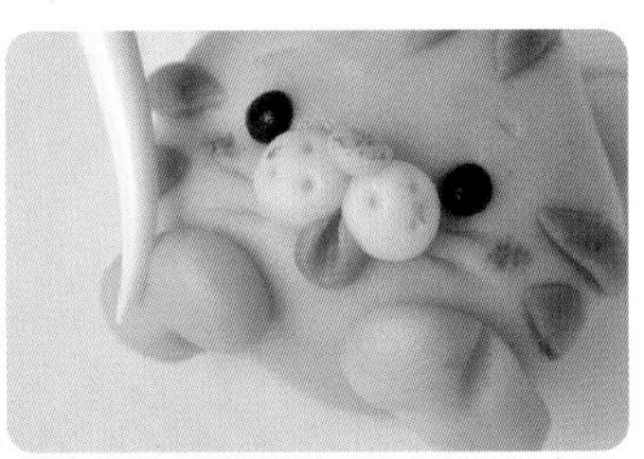

26 用雕塑工具壓出手腕的紋路。

27 用雕塑工具壓出手掌的紋路。

28 喵喵小花貓造型完成，入爐烘烤（見 P.33）。

美姬老師小叮嚀

1. 頭頂上的花紋，也可以用整塊的斑紋取代。讀者可以發揮自己的創意，做出各種顏色及造型的貓咪。
2. 想要鬍鬚紋路明顯，使用雕塑工具時要略微施力，讓紋路明顯，烘烤出來才會清晰。

PART 4

3D立體造型鳳梨酥

閃亮亮金元寶

初階

金光閃閃、財源滾滾，中秋送禮就送這一盒！

材料 *Ingredients*　・黃色麵團 18 克・黃色麵團 7 克・內餡 12 克

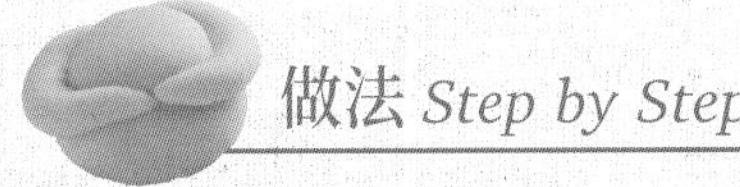

做法 *Step by Step*

01 準備好材料，分別滾圓備用。

02 將 7 克黃色麵團分為 2 顆 3.5 克，滾圓備用。

03 將 18 克的黃色麵團壓扁，包入內餡，滾成光亮的圓球。

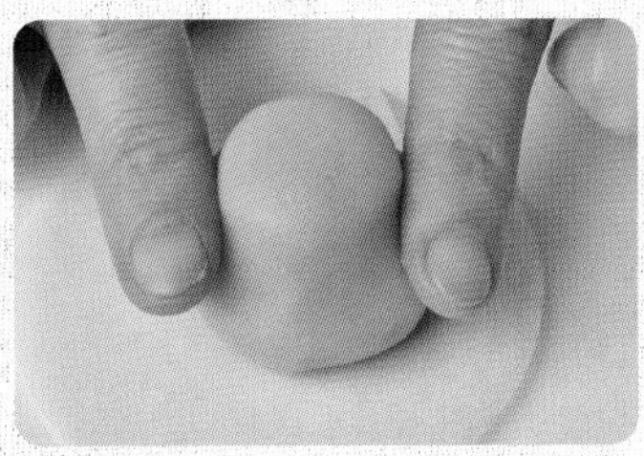

04 將圓球四周下壓，壓出中間凸出的圓頭。

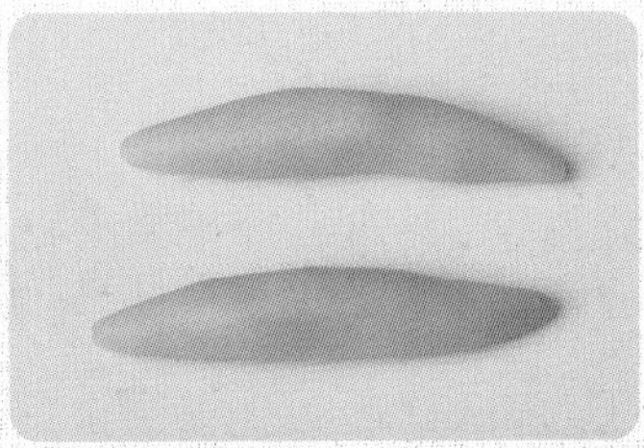

05 將步驟 02 的麵團搓成兩頭尖的粗麵條狀。

06 貼在圓球兩側。

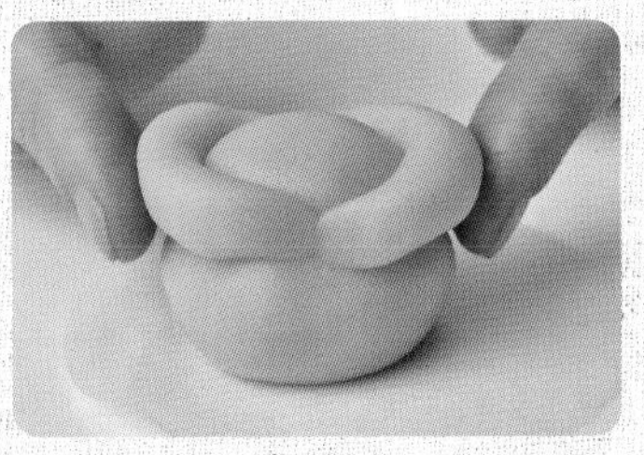

07 再將兩側略微推高。

08 造型完成，入爐烘烤（見 P.33）。

美姬老師小叮嚀

圓球兩側要推高些，烘烤完會再下降，高度才剛好，較像元寶樣子。可以用紅麴粉調水，蓋上印章，更添喜氣。

清純小玉兔

初階

萌萌的小白兔，在中秋節裡和你相遇！

材料 *Ingredients*

・白色麵團 20 克・紅色及黑色麵團少許・內餡 12 克

做法 Step by Step

01 準備好材料，分別滾圓備用。

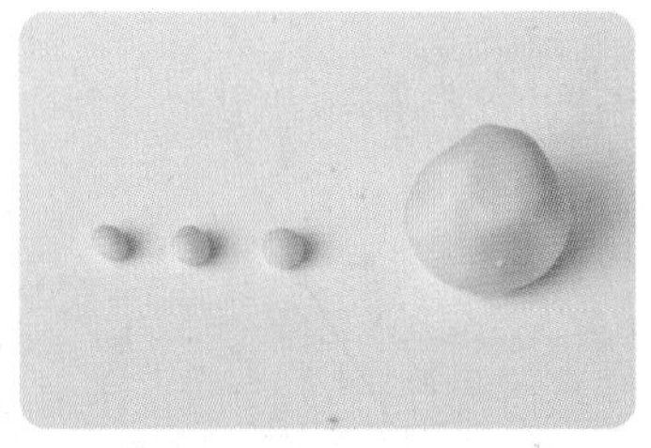

02 將白色麵團分成 1 顆 18 克、2 顆 0.5 克及少許，滾圓備用。

03 18 克白色麵團壓扁，包入內餡，滾成光亮的圓球。

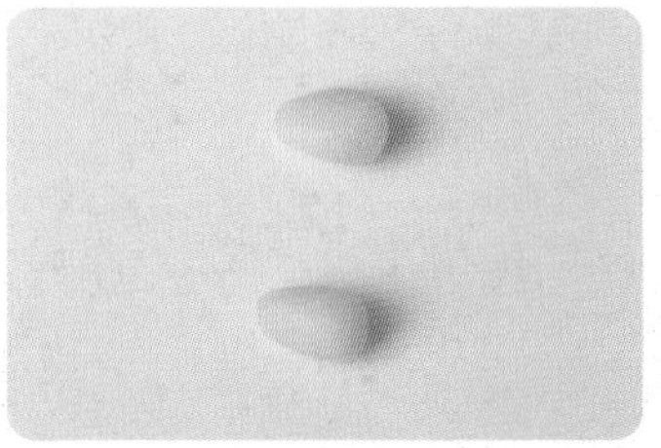

04 取 2 顆 0.5 克白色麵團搓成水滴形。

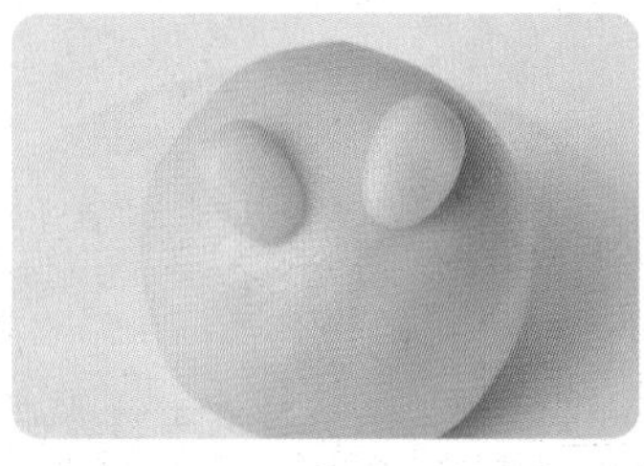

05 貼在頭頂，尖端略微壓扁，做成耳朵。

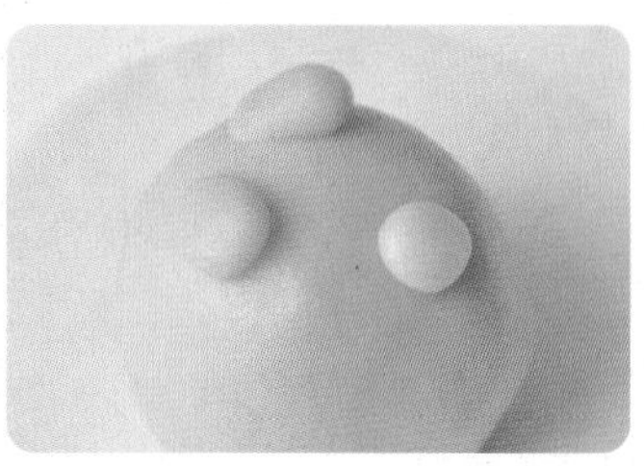

06 取剩餘的白色麵團滾圓，貼在身體後方做尾巴。

07 取 2 顆芝麻大小的黑色麵團滾圓做眼睛。

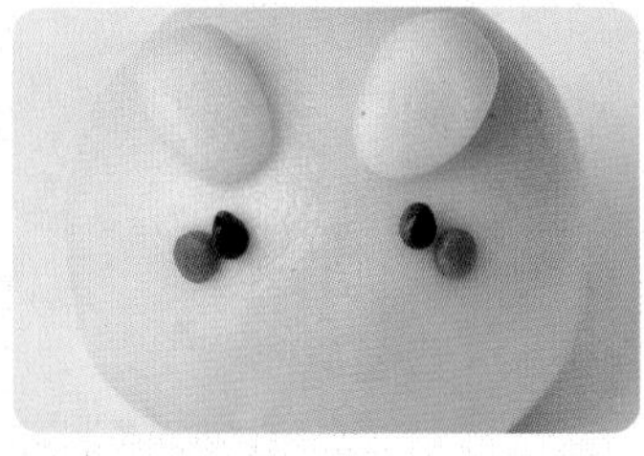

08 取 2 顆小米大小的紅色麵團滾圓做腮紅。

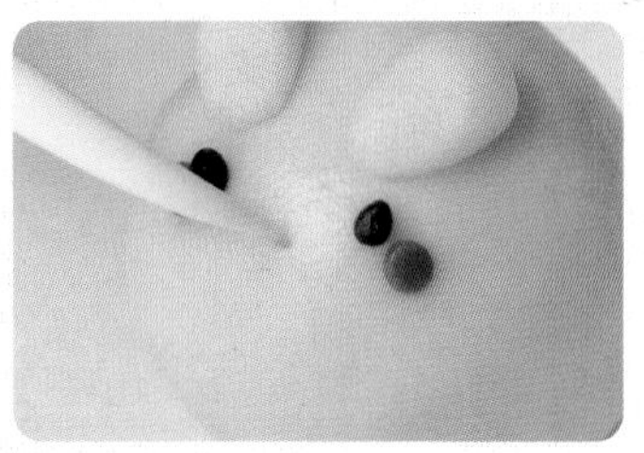

09 用雕塑工具做出嘴巴。

10 造型完成，入爐烘烤（見 P.33）。

美姬老師小叮嚀 嘴巴可以戳深一點，烘烤出來才能保持形狀。

超萌 Cute 小雞

中階

超可愛的黃色小雞，好想咬一口！

材料 *Ingredients*

・淡黃色麵團 19 克・黃色麵團 3 克・橘色麵團 1 克・紅色麵團 0.5 克
・粉色麵團 0.5 克・白色麵團少許・內餡 12 克・竹炭粉少許

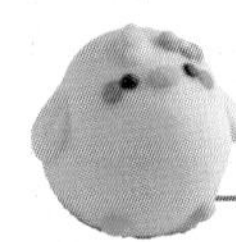

做法 *Step by Step*

01 準備好材料，分別滾圓備用。

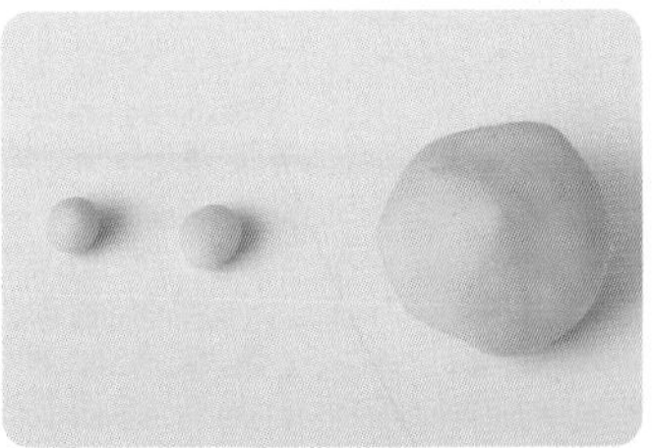

02 淡黃色麵團分成 1 顆 18 克、2 顆 0.5 克，滾圓備用。

03 將 18 克淡黃色麵團壓扁，包入內餡，滾成光亮的圓球。

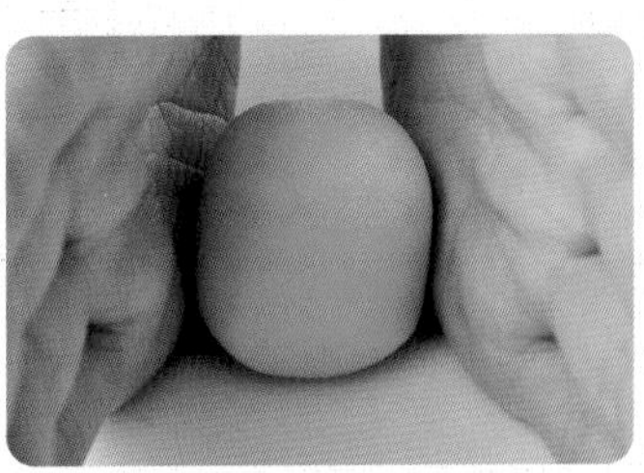

04 將圓球略微推高。

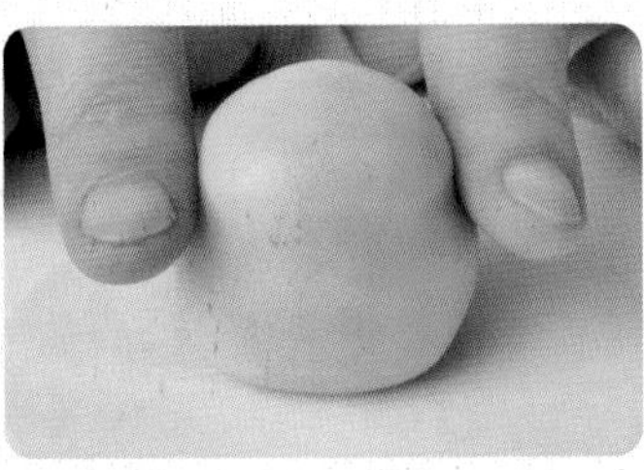

05 將圓球上方輕壓出脖子凹痕。

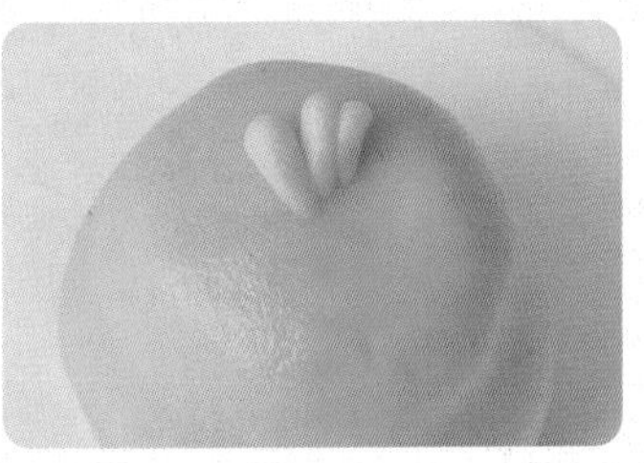

06 黃色麵團取 3 顆小米粒大小，搓成水滴形，貼在小雞頭頂做頭髮。

07 取綠豆大小橘色麵團，貼在臉部當嘴巴。

08 剩餘橘色麵團，取2顆紅豆大小滾圓後貼在下方做腳丫。

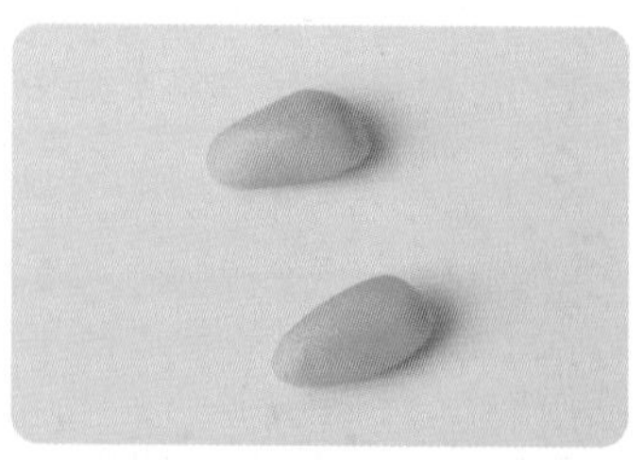

09 剩餘的黃色麵團取2顆紅豆大小搓成水滴形。

10 略微壓扁，貼在圓球兩側當成翅膀。

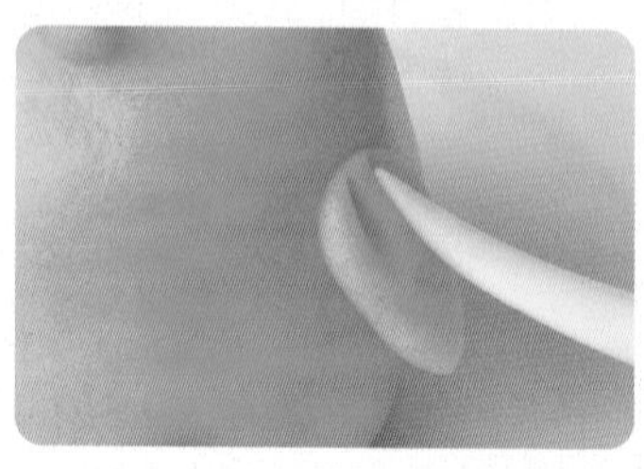

11 用雕塑工具壓出翅膀紋路。

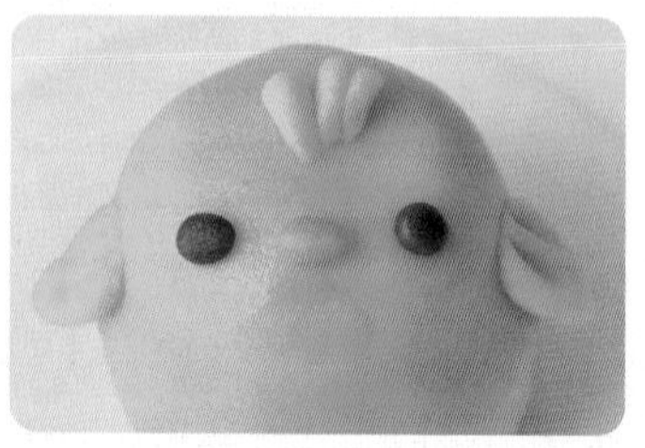

12 取2顆西米露大的紅色麵團當腮紅。

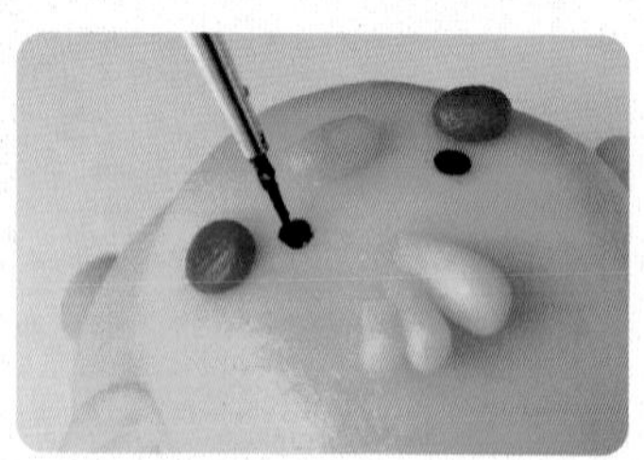

13 竹炭粉加水，調成墨汁，用小筆刷沾取畫上眼睛。

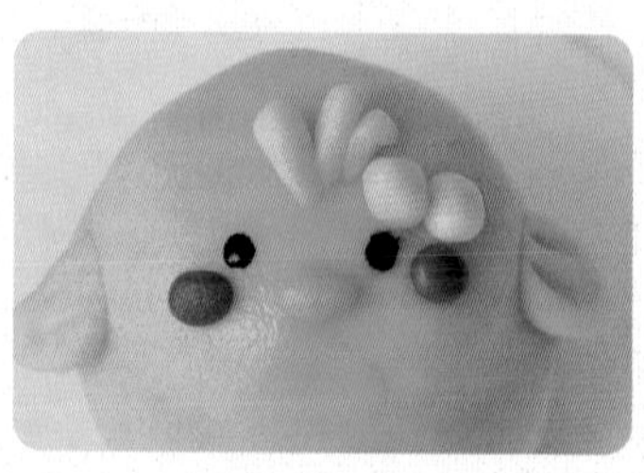

14 取2顆米粒大的粉色麵團，黏在眼睛旁當蝴蝶結。

15 取1顆米粒大的白色麵團，貼在蝴蝶結上方。

16 造型完成，入爐烘烤（見 P.33）。

美姬老師小叮嚀

臉上的蝴蝶結裝飾可視需求製作。
眼睛也可以畫上睫毛，做些許變化。

瞇瞇眼小花豬

中階

小花豬瞇瞇眼，圓圓身體滾呀滾！

材料 *Ingredients*

・粉橘色麵團 19 克・棕色麵團 2 克・深粉色麵團 2 克
・橘色麵團 0.5 克・綠色麵團少許・內餡 12 克・竹炭粉少許

瞇瞇眼小花豬

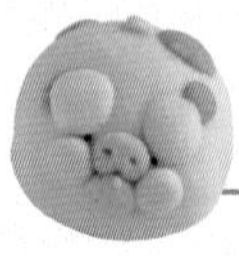

做法 Step by Step

01 準備好材料，分別滾圓備用。

02 粉橘色麵團分成 1 顆 18 克及 2 顆 0.5 克，滾圓備用。

03 18 克粉橘色麵團壓扁，包入內餡，滾成光亮的圓球。

04 將 2 顆 0.5 克的粉橘色麵團搓成水滴形，壓扁後貼在頭上當耳朵。

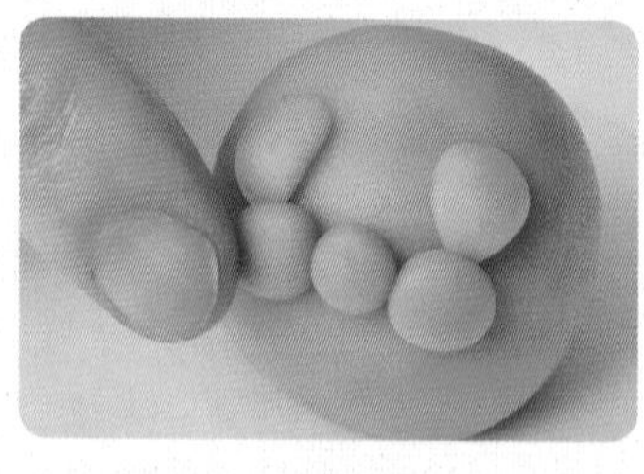

05 2 克深粉色麵團，分成 3 顆 0.6 克，滾圓後貼在臉上當鼻頭及腮紅。

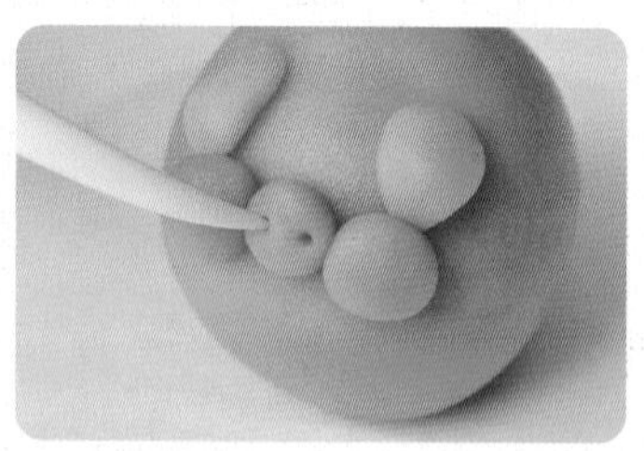

06 用雕塑工具將鼻頭戳出 2 個小洞當鼻孔。

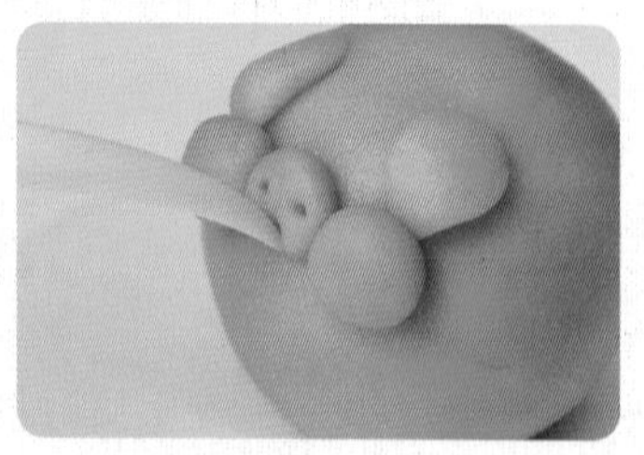

07 再用雕塑工具在鼻頭下方做出嘴巴。

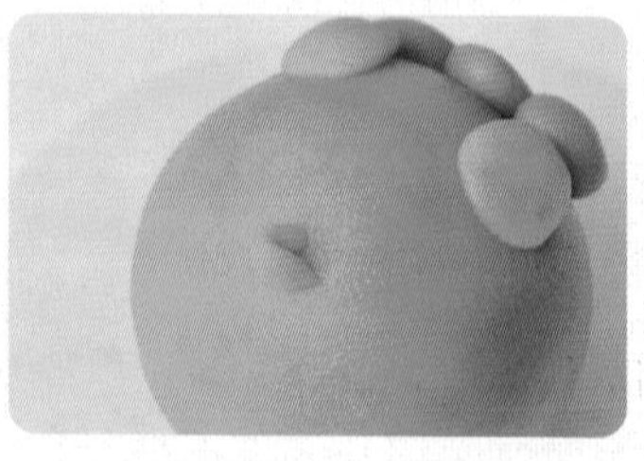

08 取剩下的 0.2 克深粉色麵團搓圓揉成水滴形，黏在後面當尾巴。

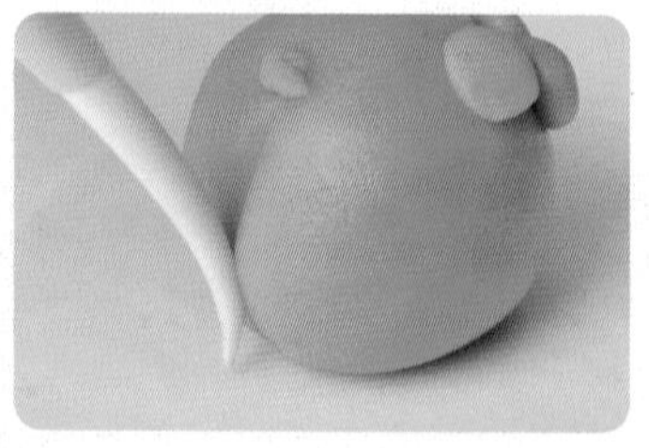

09 用雕塑工具壓出屁股弧度。

10 取橘色麵團搓成圓球，置於嘴巴下方，用雕塑工具壓出點點做成橘子。

11 取綠色麵團揉成水滴形，黏在橘子上方當蒂頭。

12 將2克棕色麵團分成大小不一的3顆小球。

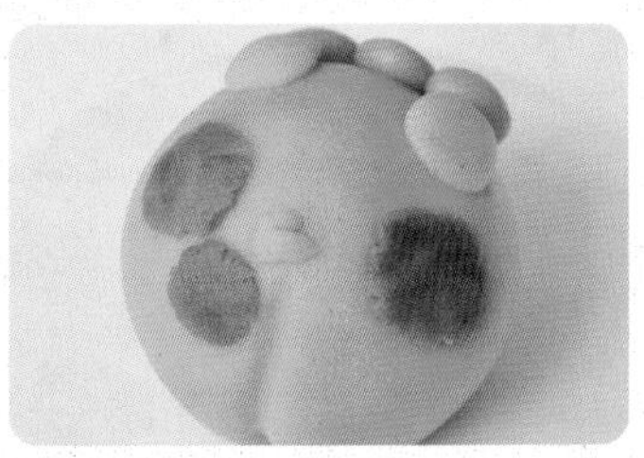

13 將3顆小球壓扁，黏在身體上當成花紋。

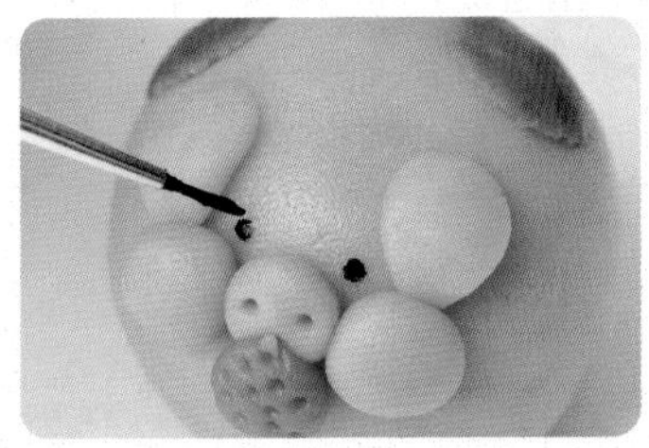

14 竹炭粉加水，調成墨汁，以小筆刷沾取，畫上眼睛。

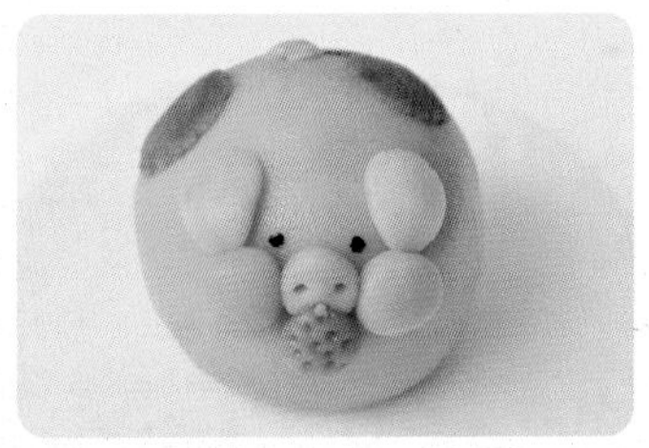

15 造型完成，入爐烘烤（P.33）。

美姬老師小叮嚀

1. 身體上的紋路不一定要壓得很扁，做成圓球狀，也很可愛。
2. 圓形圖案也可以做成心形，更可愛哦！

好事連連金黃柿子

初階

送你一顆金黃柿子，祝你事事如意！

材料 *Ingredients*

・橘色麵團 18 克・綠色麵團 3 克・棕色麵團少許・內餡 12 克

做法 *Step by Step*

01 準備好材料，分別滾圓備用。

02 將橘色麵團壓扁，包入內餡，滾成光亮的圓球。

03 將圓球略微壓扁，用雕塑工具壓出柿子四周的凹痕。

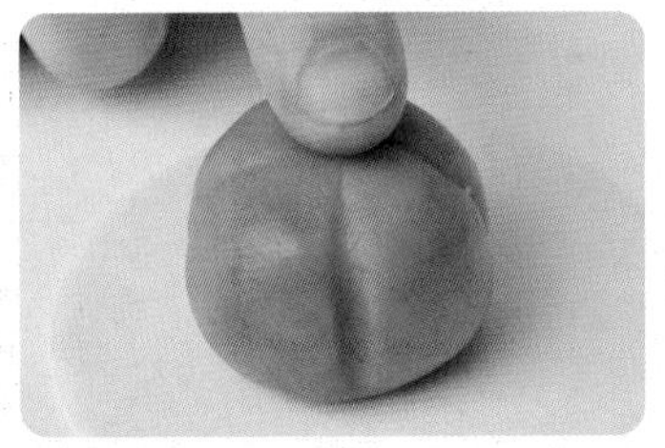

04 頂端略微壓出一個凹洞。

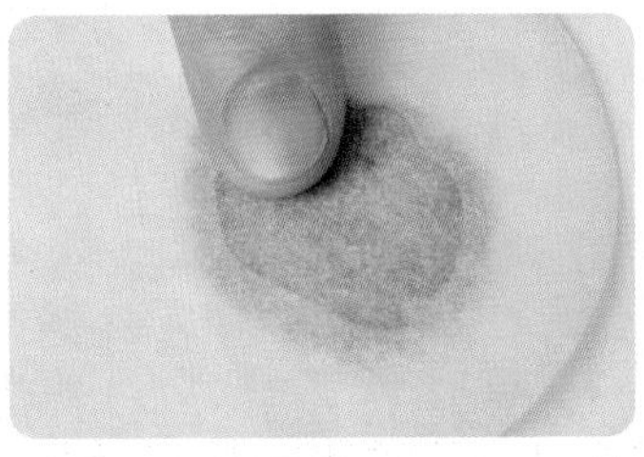

05 綠色麵團上下各放一張饅頭紙，將其壓扁。

06 用切割小刀將麵團四周切掉。

07 完成蒂頭十字形狀。

08 將步驟 07 黏在柿子頂端。

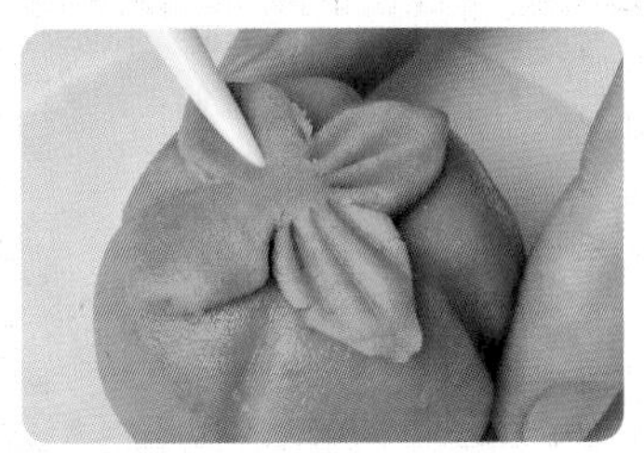

09 用雕塑工具壓出葉脈紋路。

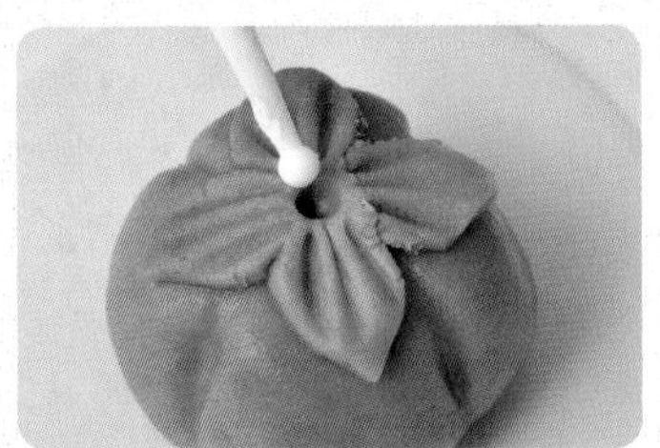

10 再用雕塑工具在中間壓出小凹槽。

11 放上一顆棕色小麵團裝飾。

12 造型完成，入爐烘烤（見 P.33）。

果香小蜜蜂

中階

材料 *Ingredients*

・黃色麵團 18 克・黑色麵團 4 克・淡粉色麵團 1 克
・紅色麵團少許・內餡 12 克・竹炭粉少許

小蜜蜂，嗡嗡嗡，飛到西來飛到東。

做法 *Step by Step*

01 準備好材料，分別滾圓備用。

02 將黃色麵團壓扁，包入內餡，滾成光亮的圓球。

03 取4顆黃豆大小的黑色麵團，揉成小球，黏在身體四周，當成腳。

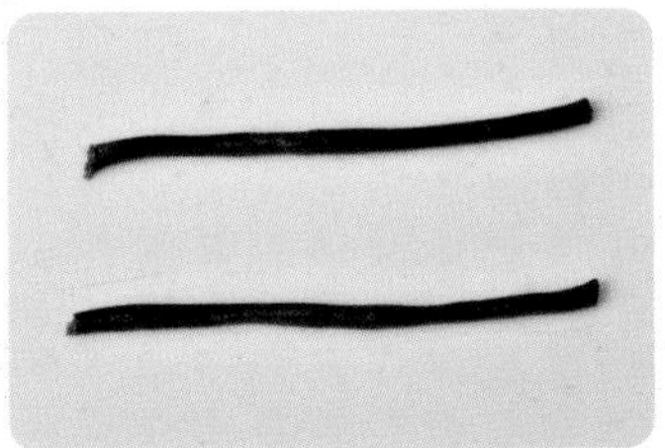

04 取2顆黃豆大小的黑色麵團，搓成細麵條狀。

05 黏貼在蜜蜂背上，略微壓扁，當成身體紋路。

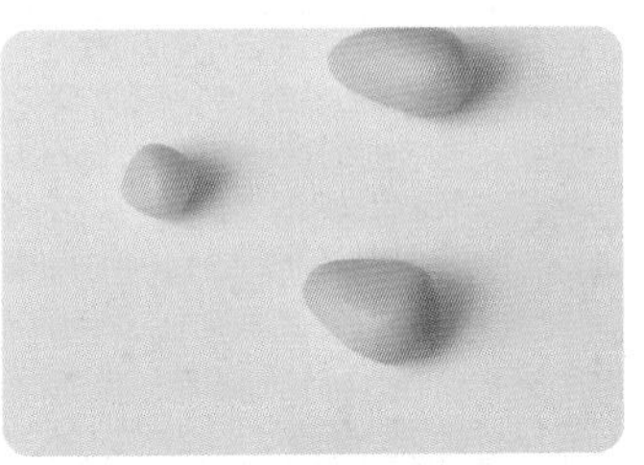

06 淡粉色麵團分成2大1小的小球，分別搓成水滴形及圓形。

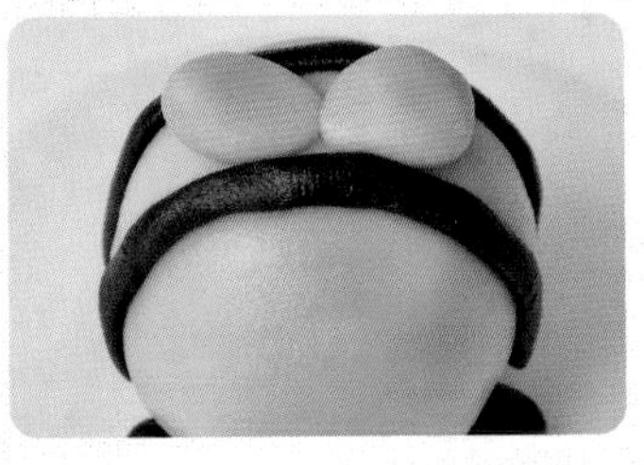

07 將2個水滴形壓扁後，貼在背上當翅膀；圓球貼在臉上當嘴巴。

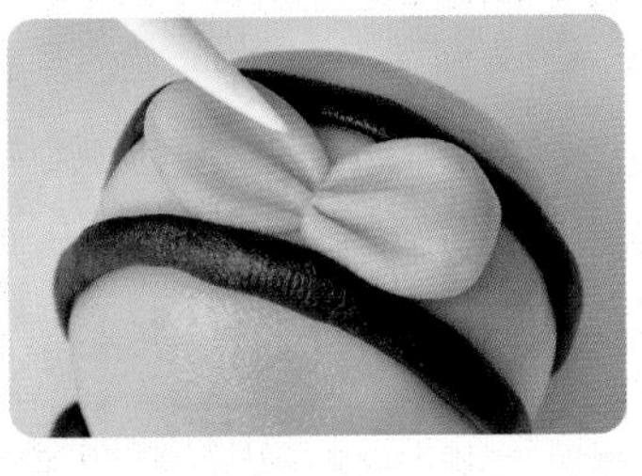

08 用雕塑工具畫出翅膀紋路。

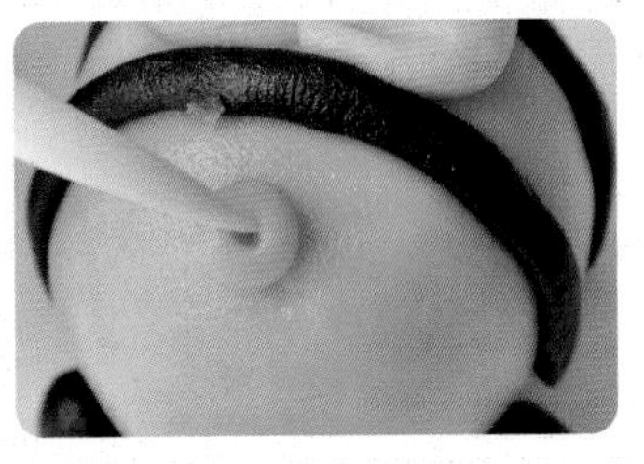

09 取驟 06 的小圓球，貼在臉上當嘴巴。

10 取2顆米粒大小的紅色麵團，揉圓後貼在臉上當腮紅。

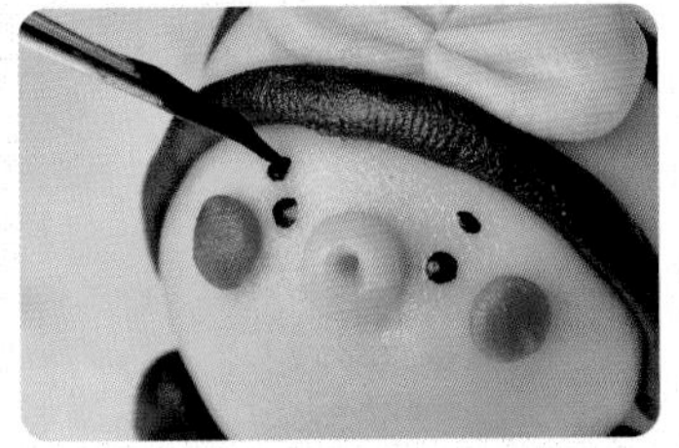

11 竹炭粉加水，調成墨汁，以小筆刷沾取畫上眼睛及睫毛。

12 造型完成，入爐烘烤（見 P.33）。

游泳高手大臉鯊魚

中階

世界上最長壽的脊椎動物，鯊魚就是其中之一，可以活到400歲呢！

材料 *Ingredients*

- 藍色麵團 21 克・白色麵團 3 克・紅色麵團少許
- 內餡 12 克・竹炭粉少許

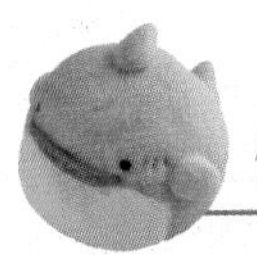

做法 Step by Step

01 準備好材料，分別滾圓備用。

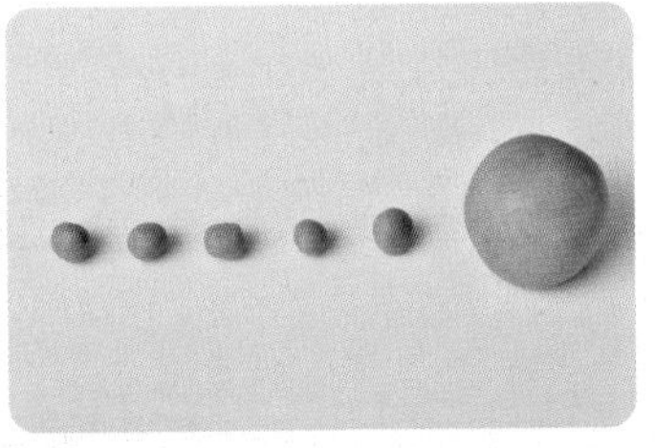

02 將 21 克灰色麵團分成 1 顆 18 克、5 顆 0.6 克的小球。

03 將 18 克灰色麵團壓扁，包入內餡，滾成光亮的圓球。

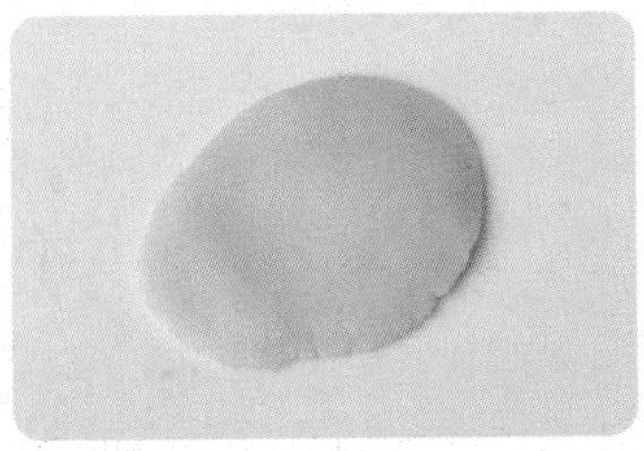

04 將 3 克白色麵團壓成麵皮。

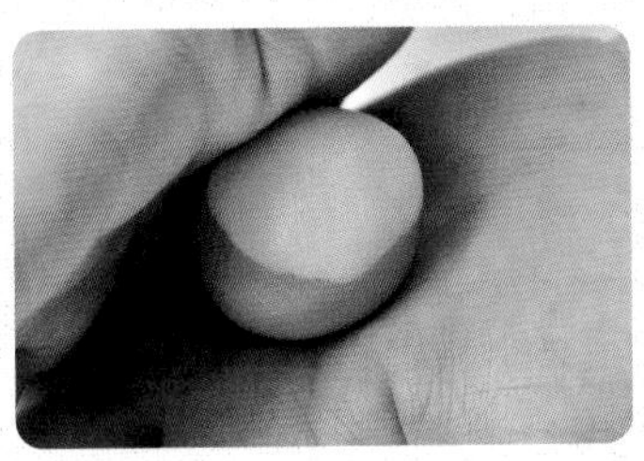

05 貼在小球上再次滾圓。

06 將白色部位朝下。

07 取五顆藍色小球，搓成水滴形。

08 2 顆分別放在兩側做魚翅。

09 1顆放在上方做魚鰭。

10 2顆放在後方做魚尾。

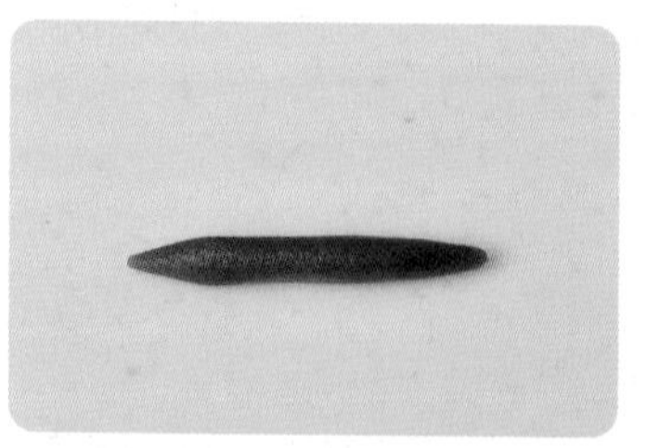

11 取少許紅色麵團搓成兩頭尖的麵條。

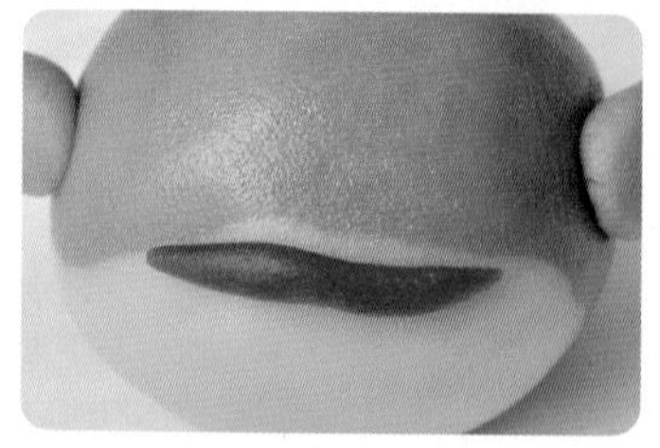

12 貼在前面做嘴巴。

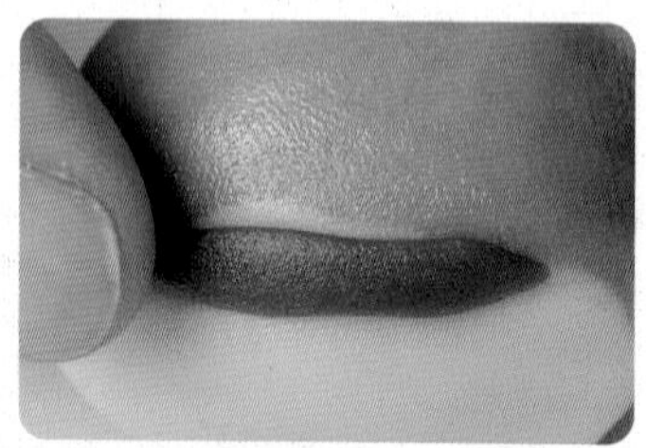

13 略微壓扁。

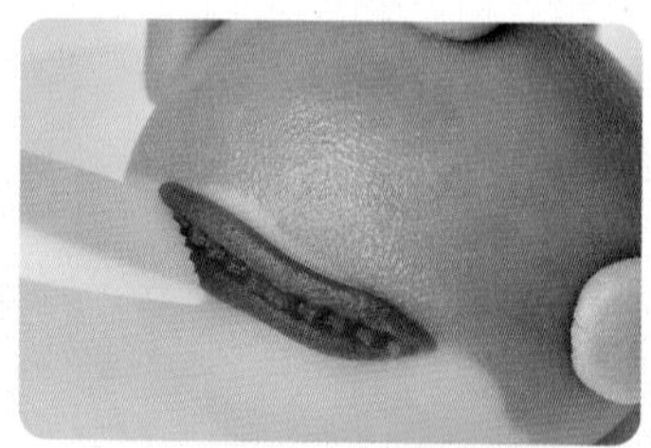

14 用雕塑工具壓出牙齒的紋路。

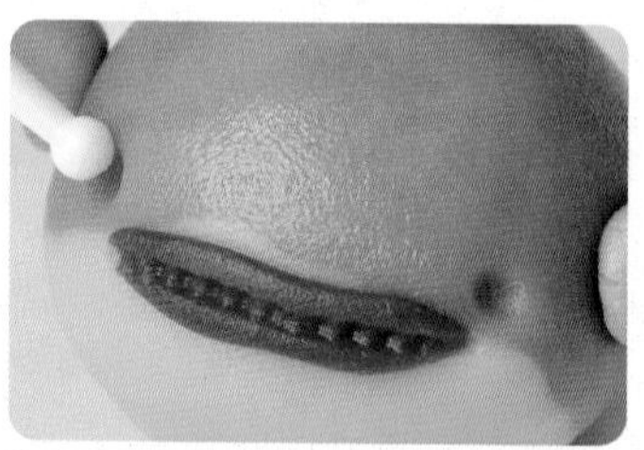

15 用雕塑工具壓出眼窩。

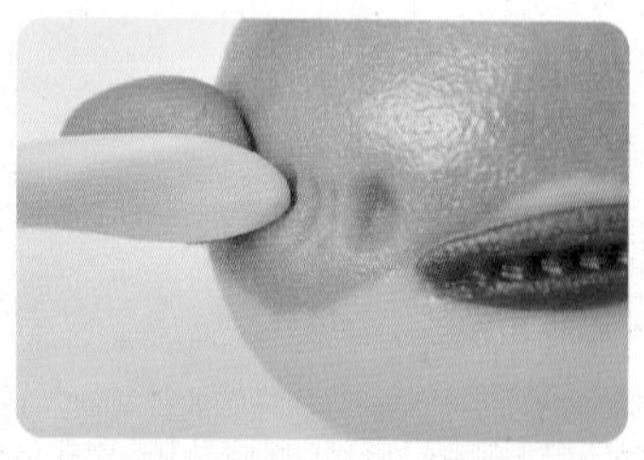

16 用雕塑工具壓出魚鰓的紋路。

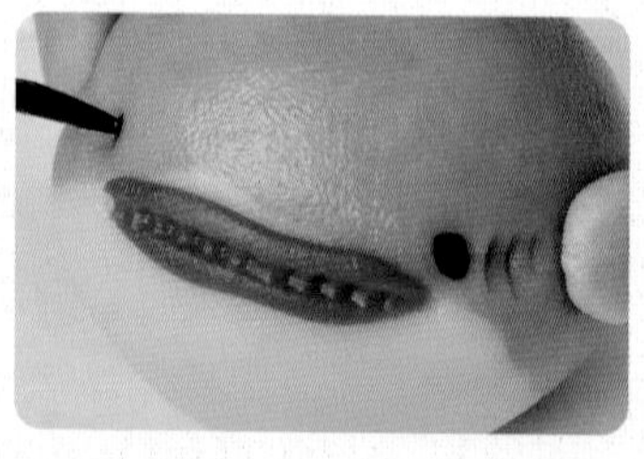

17 竹炭粉加水，調成墨汁，以小筆刷沾取，畫上眼睛。

18 造型完成，入爐烘烤（見 P.33）。

酷涼藍色小企鵝

中階

圍著長圍巾的小企鵝，在南極裡自在玩耍！

材料 *Ingredients*

- 藍色麵團 19 克・粉色麵團 3 克・白色麵團 1 克
- 橘色麵團 1 克・紅色麵團少許・內餡 12 克・竹炭粉少許

酷涼藍色小企鵝

做法 Step by Step

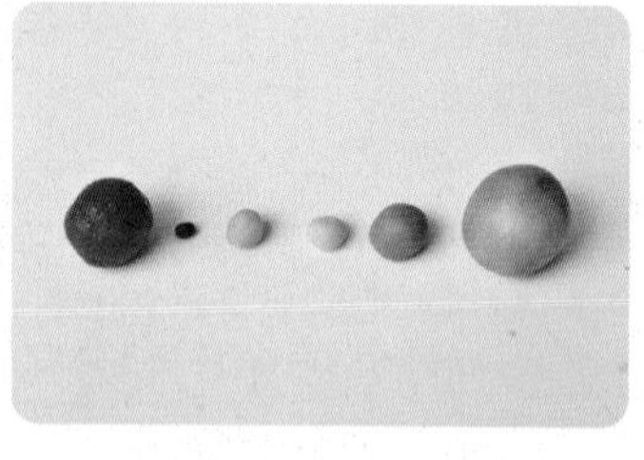

01 準備好材料，分別滾圓備用。

02 將藍色麵團分成 1 顆 18 克及 2 顆 0.5 克小球，滾圓備用。

03 18 克藍色麵團壓扁，包入內餡，滾成光亮的圓球。

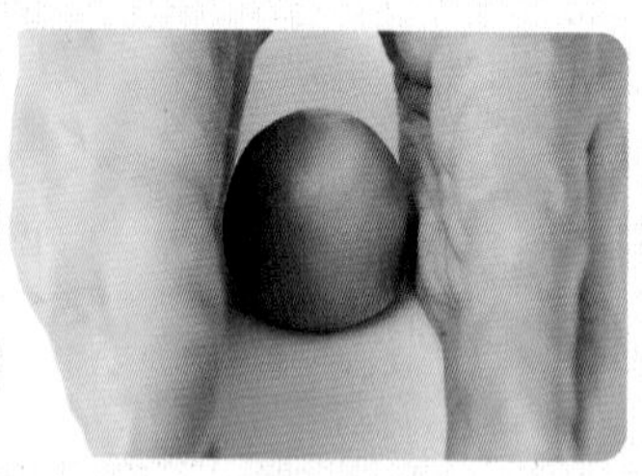

04 將圓球略微搓高。

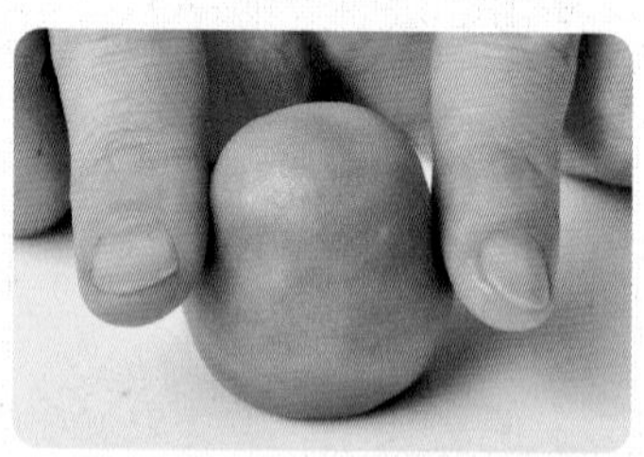

05 用手指壓出脖子的位置。

06 取 1 克白色麵團壓扁，貼在前方做肚皮。

07 取 2 顆 0.5 克的藍色麵團搓成水滴形。

08 貼在身體兩側當成手。

09 取綠豆大小的橘色麵團，搓成橢圓形，黏在臉上做嘴巴。

10 取兩顆紅豆大的橘色麵團做腳丫。

11 取 0.5 克粉色麵團揉圓壓扁，貼在頭頂做帽子。

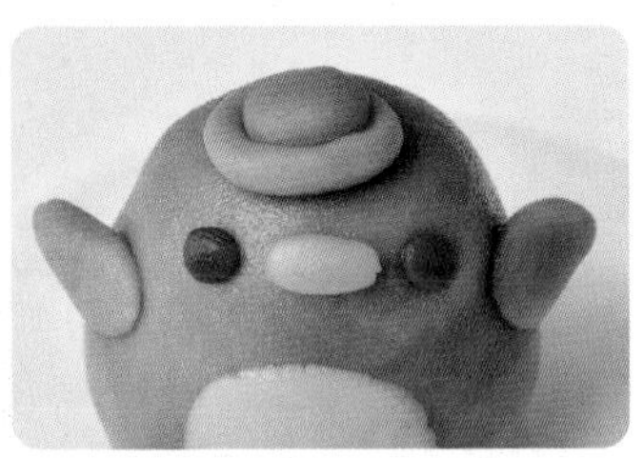

12 再取 0.5 克粉色麵團揉成長條，圈在帽子上做帽沿。

13 取少許白色麵團揉成長條，繞在帽子與帽沿中間，做出帽子立體感。

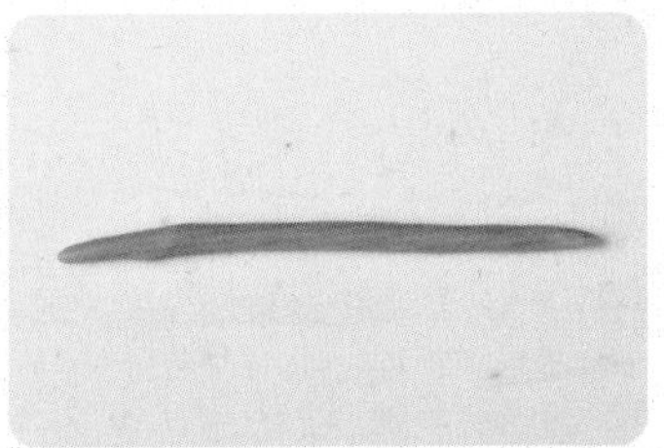

14 取剩下的粉色麵團揉成長條。

15 圈在脖子上當成圍巾。

16 圍巾剩下的部分可以當成圍巾下端。

17 竹炭粉加水，調成墨汁，以小筆刷沾取，畫上眼睛。

18 造型完成，入爐烘烤（見 P.33）。

柚子娃娃

中階

中秋節怎麼少得了柚子？做出娃娃造型，超萌超可愛！

材料 *Ingredients*

・綠色麵團 18 克・淡粉色麵團 1 克・白色及粉紅色麵團少許
・內餡 12 克・竹炭粉少許

做法 Step by Step

01 準備好材料，分別滾圓備用。

02 將綠色麵團壓扁，包入內餡，滾成光亮的圓球。

03 將圓球略微推高，用虎口捏出柚子外形。

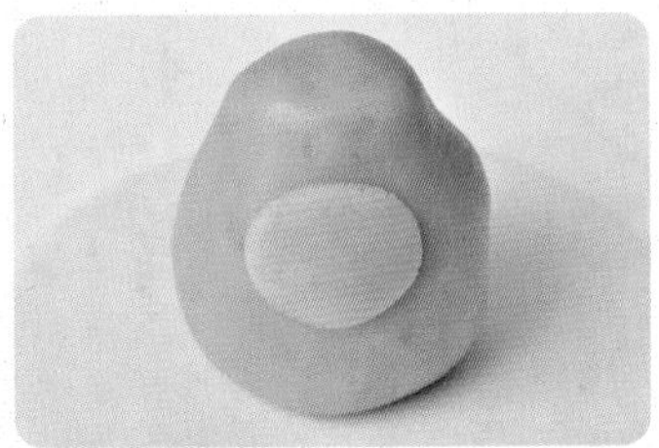

04 取約 0.8 克淡粉色麵團壓成橢圓形麵皮，貼在正面當成臉部。

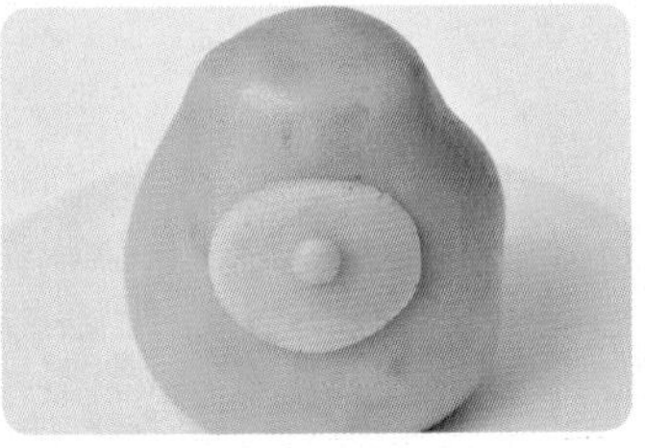

05 再取剩下的 0.2 克淡粉色麵團揉圓做鼻子。

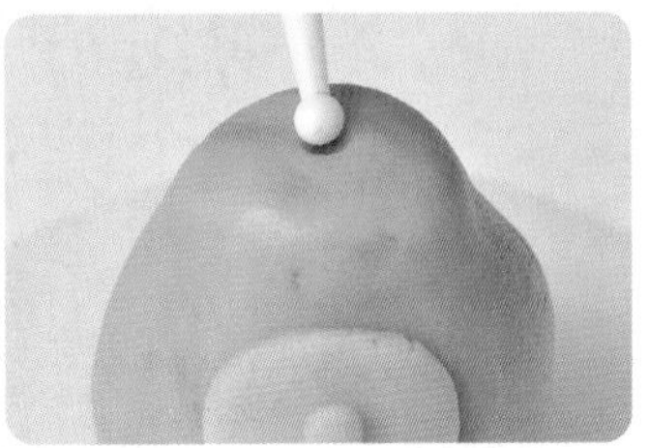

06 在柚子頂端用雕塑工具壓出小凹槽。

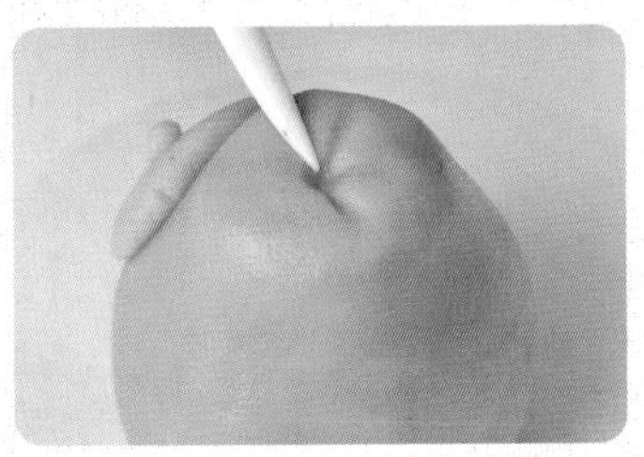

07 用雕塑工具在四周壓出紋路。

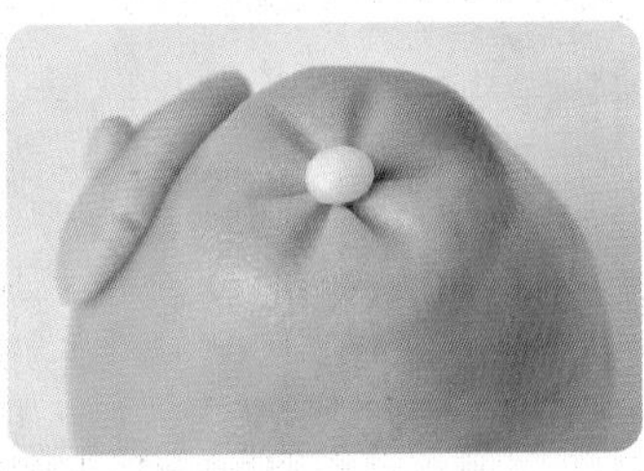

08 放入一顆米粒大小的白色小圓麵團做蒂頭。

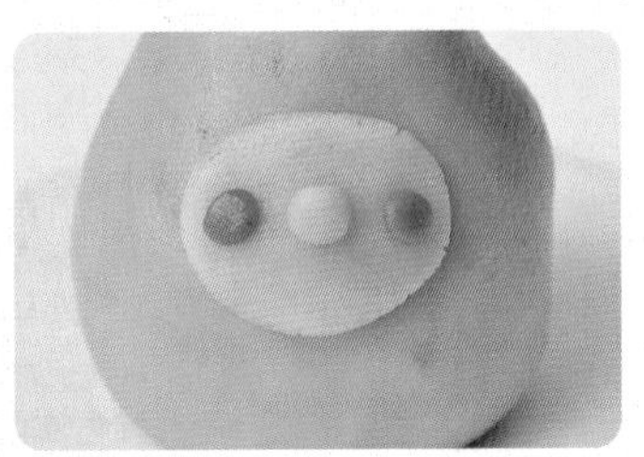

09 取兩顆米粒大小的粉色圓麵團做腮紅。

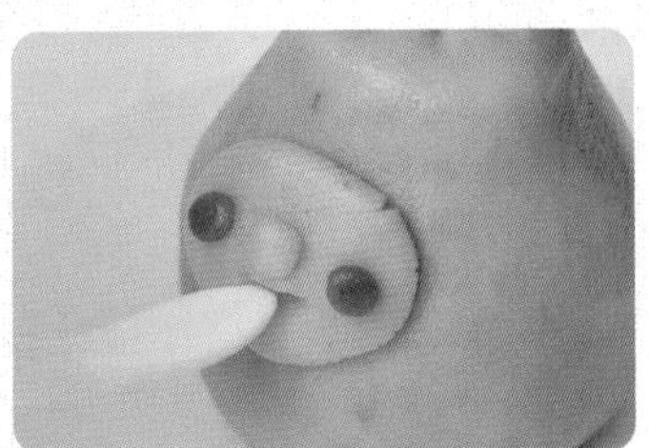

10 用雕塑工具壓出嘴巴。

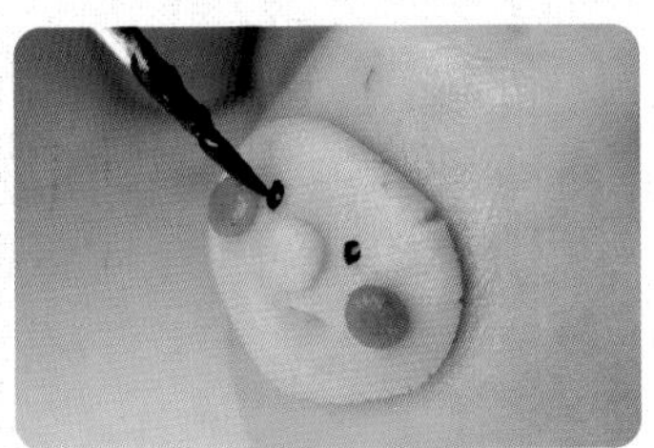

11 竹炭粉加水，調成墨汁，以小筆刷沾取，畫上眼睛及眉毛。

12 柚子娃娃造型完成，入爐烘烤（見 P.33）。

甜蜜蜜蜂蜜罐子

中階

看！蜂蜜要流出來了，趕快來吃一口！

材料 *Ingredients*

・淡棕色麵團 20 克・白色麵團 1 克・黃色麵團 3 克
・內餡 12 克・竹炭粉少許

做法 *Step by Step*

01 準備好材料，分別滾圓備用。

02 將淡棕色麵團分成 1 顆 18 克及 1 顆 2 克，滾圓備用。

03 將 18 克淡棕色麵團壓扁，包入內餡，滾成光亮的圓球。

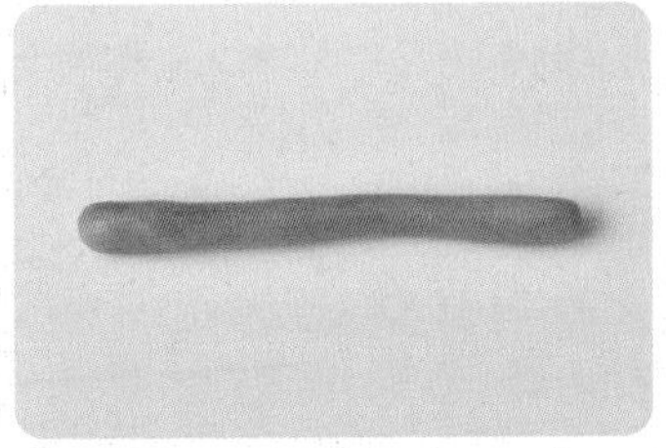

04 2 克淡棕色麵團搓成約 3 公分的長條狀。

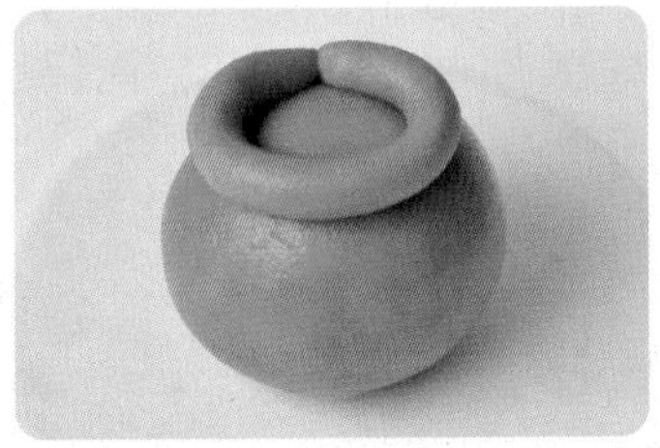

05 貼在上方做罐子口。

06 取黃豆大小的黃色麵團滾圓後壓扁，放在罐子口。

07 再取剩餘的黃色麵團，搓出數個約綠豆大小的小球，搓成水滴形。

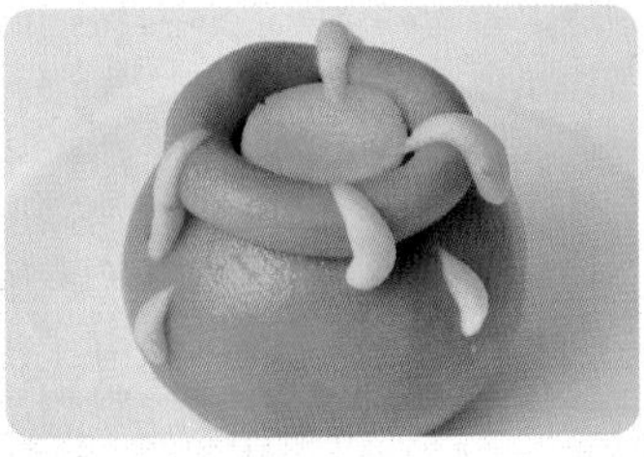

08 貼在瓶口四周。

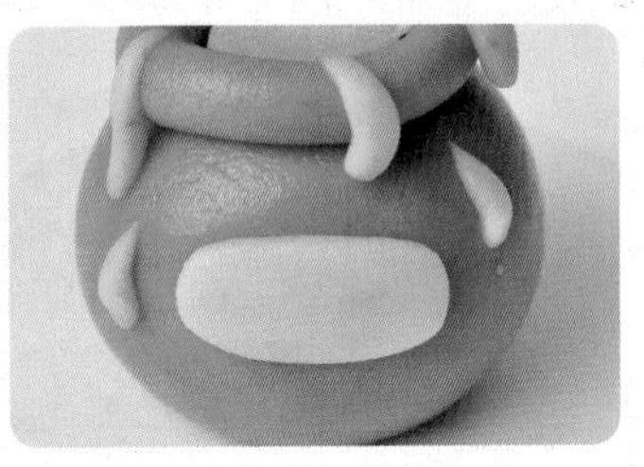

09 將白色麵團搓成圓柱體，壓扁後貼在罐子上面。

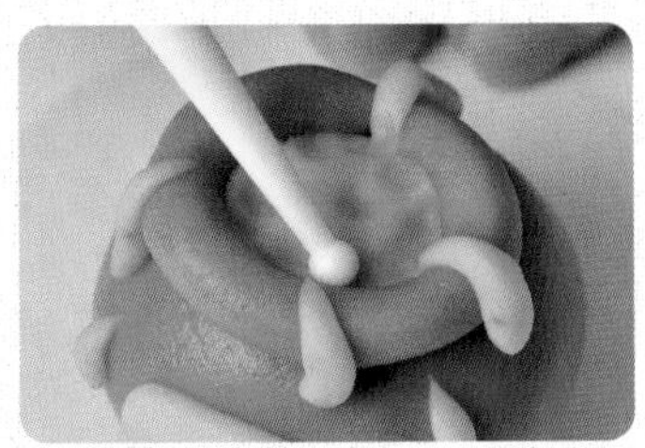

10 用雕塑工具將瓶口內部貼緊。

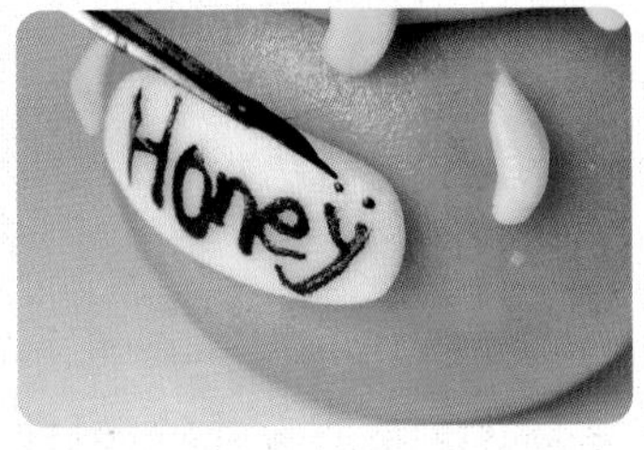

11 竹炭粉加水，調成墨汁，在步驟 **10** 上寫上 Honey。

12 造型完成，入爐烘烤（見 P.33）。

萬年長壽龜

中階

做幾隻長壽龜，祝福爸媽長壽又健康。

材料 *Ingredients*

・綠色麵團 18 克 ・淡綠色麵團 2.5 克・白色麵團 2 克
・紅色、黑色麵團少許・內餡 12 克

做法 *Step by Step*

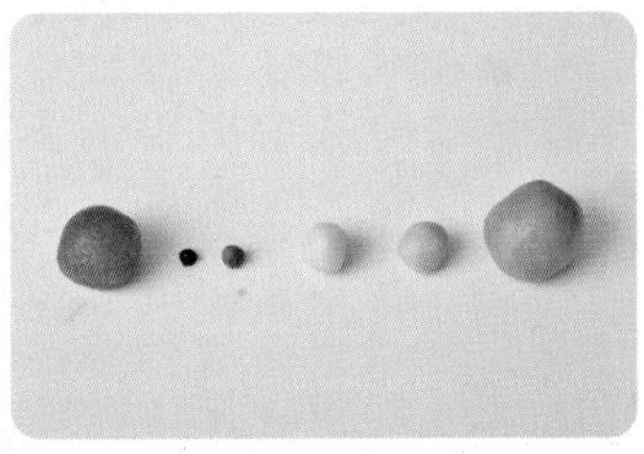

01 準備好材料，分別滾圓備用。

02 將 18 克綠色麵團壓扁，包入內餡，滾成光亮的圓球。

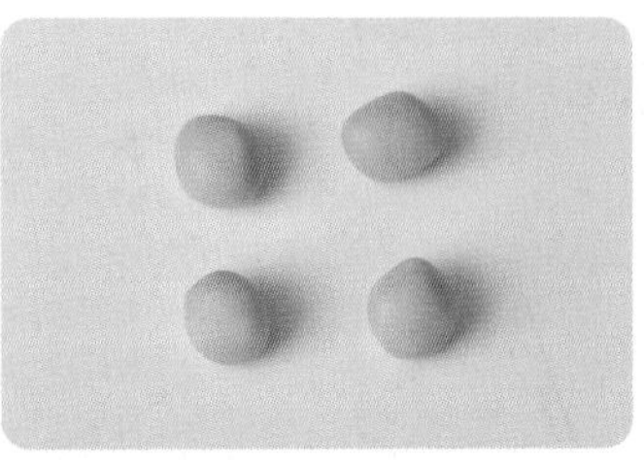

03 取 2 克淡綠色麵團，分成 4 顆小球，貼在身體四周，當成腳。

04 剩下的 0.5 克淡綠色麵團搓成水滴形，黏在身體後方當成尾巴。

05 將白色麵團放在前面，當成頭部。

06 分別取 2 顆芝麻大小的黑色及紅色麵團揉圓，貼在臉上當眼睛及腮紅。

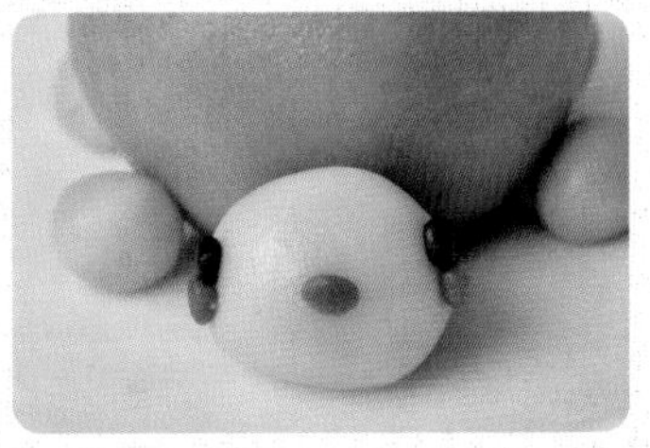

07 再取 1 顆芝麻大小的紅色麵團揉圓，貼在頭部中央當嘴巴。

08 在身體中央上切出大菱形。

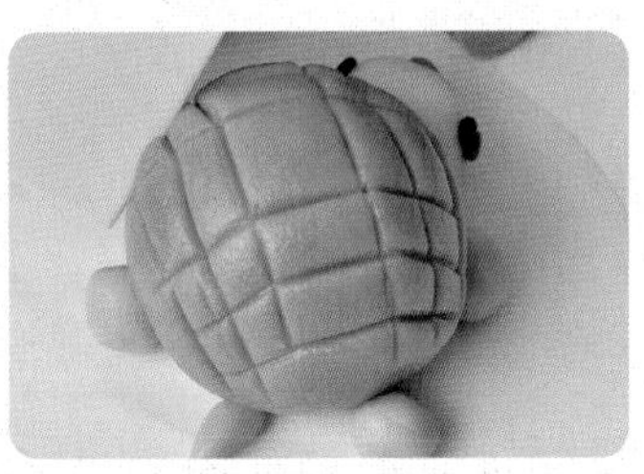

09 身體其他部位接續畫出方格的龜甲。

10 竹炭粉加水，調成墨汁，用小筆刷沾取在大菱形上寫出祝福語。

11 用雕塑工具做出鼻孔。

12 造型完成，入爐烘烤（見 P.33）。

打鼓大象

高階

長鼻子、大耳朵，打起鼓來咚咚咚。

材料 *Ingredients*

・藍色麵團 35 克・粉色麵團 3 克・黃色麵團 1 克
・綠色、紅色麵團少許・內餡 12 克及 3 克

做法 Step by Step

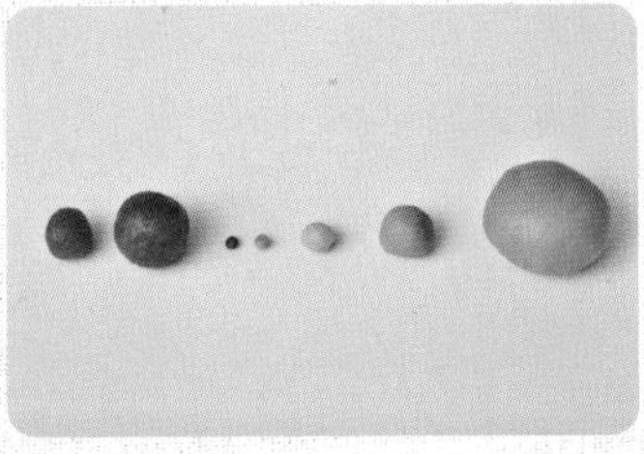

01 準備好材料，分別滾圓備用。

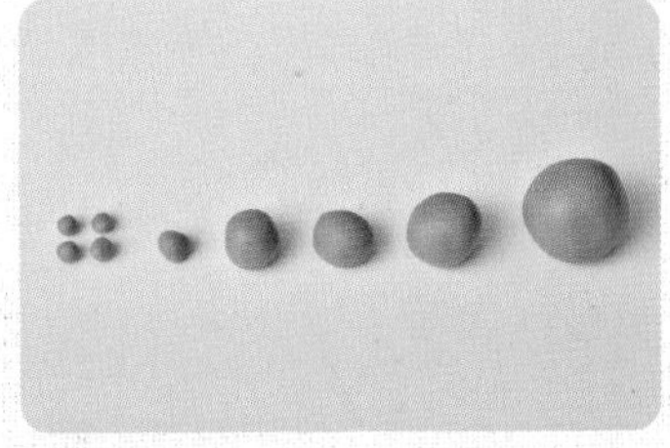

02 藍色麵團分割成 1 顆 18 克、1 顆 7 克、2 顆 3 克、1 顆 0.5 克及 4 顆小球。

03 將 18 克及 7 克的藍色麵團分別壓扁，包入內餡，滾成光亮的圓球。

04 將大小兩顆藍色麵團上下貼緊，分別為頭及身體。

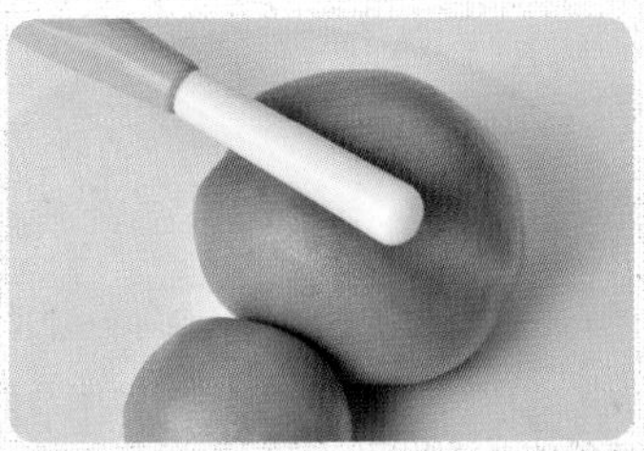

05 用雕塑工具在頭部壓出臉的部位。

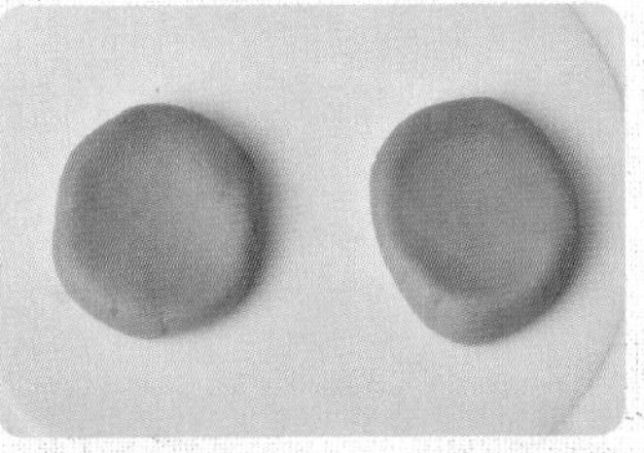

06 取 2 顆 3 克的藍色麵團壓扁成橢圓形。

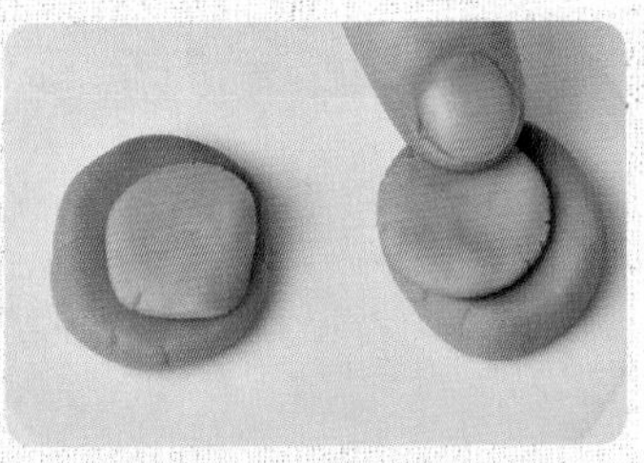

07 取 2 顆約黃豆大小的粉色麵團，壓扁成比步驟 **06** 略小的橢圓形，貼在步驟 **06** 上。

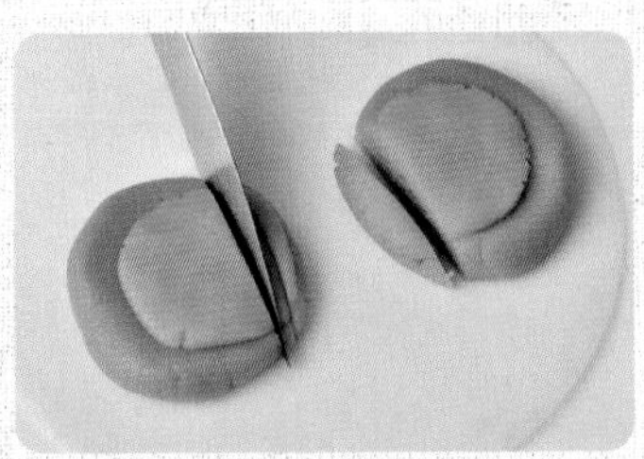

08 用小刀切掉邊緣。

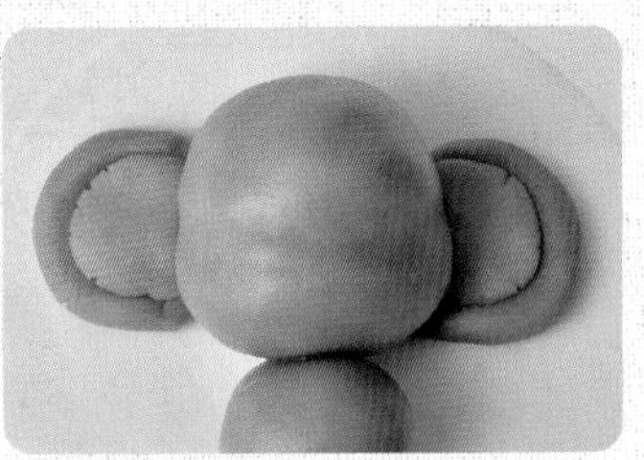

09 黏在臉的兩旁。

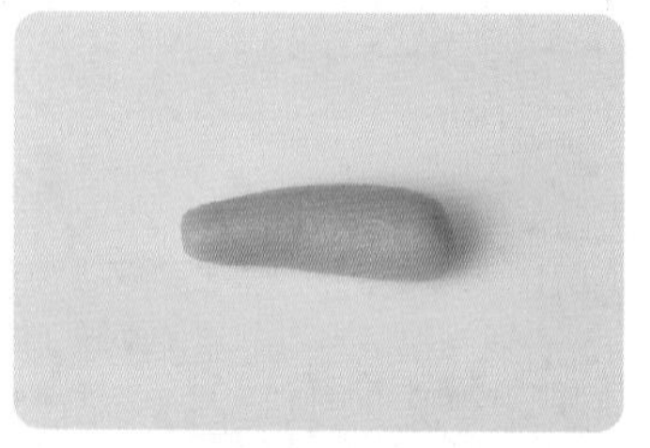

10 取 0.5 克的藍色麵團，揉成水滴形。

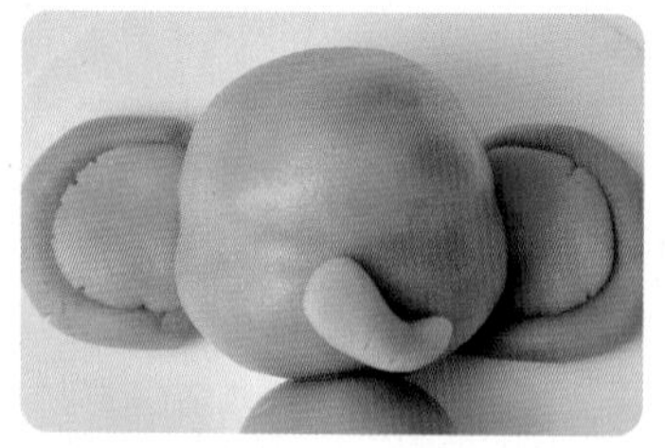

11 黏在臉上當鼻子。

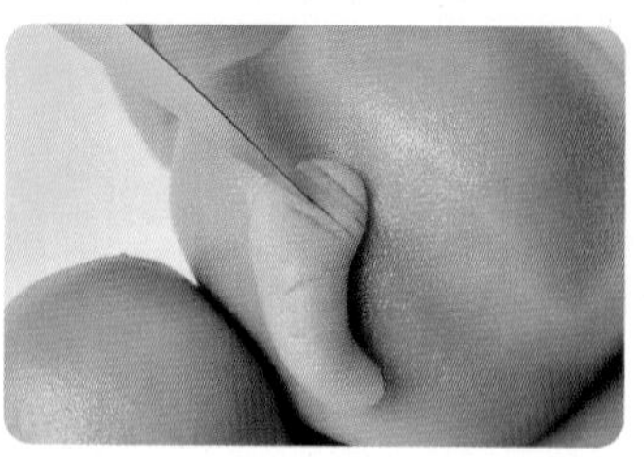

12 用小刀切割出鼻子的紋路。

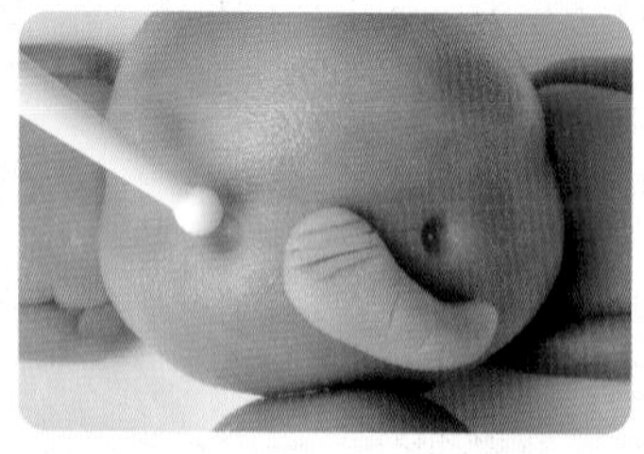

13 用雕塑工具做出眼凹。

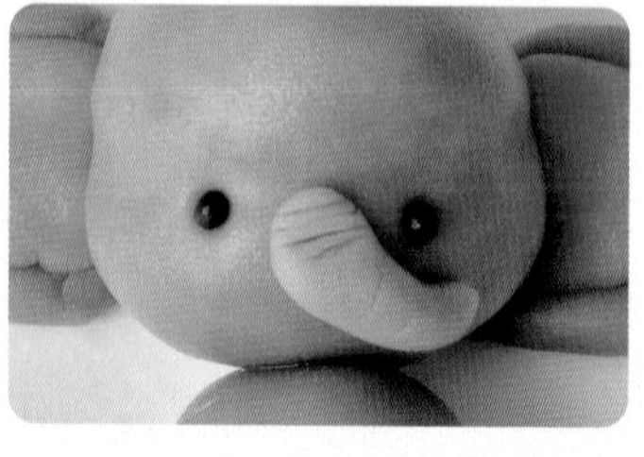

14 取 2 顆芝麻大小的黑色麵團揉圓，貼上當眼睛。

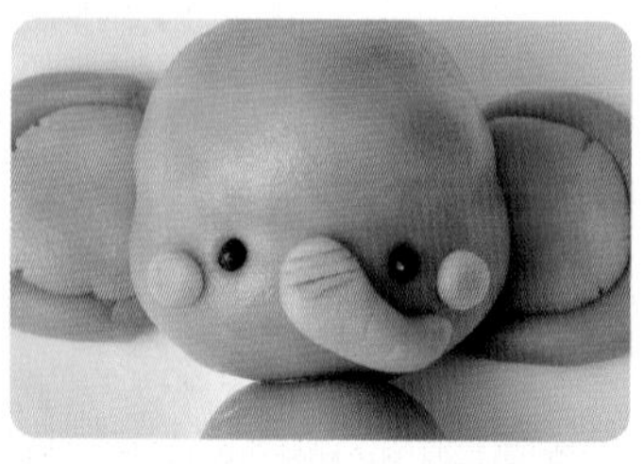

15 取 2 顆小米大小的粉色麵團揉圓，貼在兩旁當腮紅。

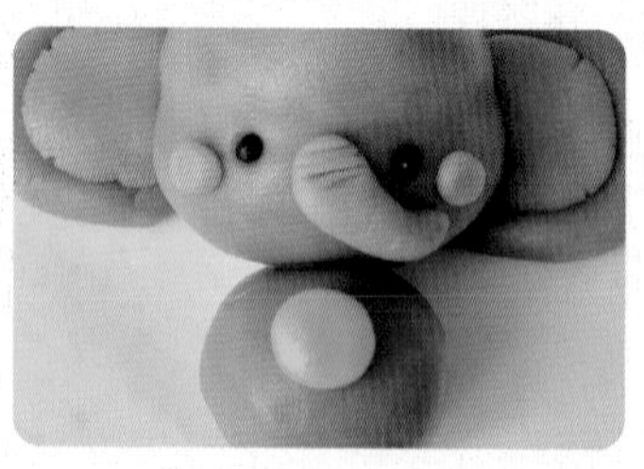

16 取 1 顆黃豆大小的黃色麵團揉圓後壓扁，貼在身上當小鼓。

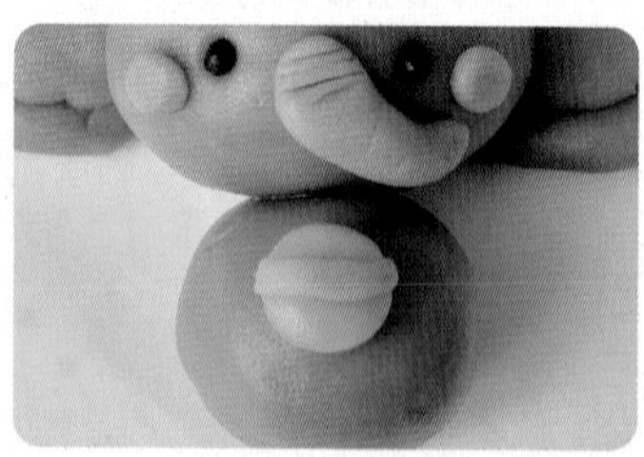

17 取米粒大小的綠色麵團，做成長條形，當作裝飾。

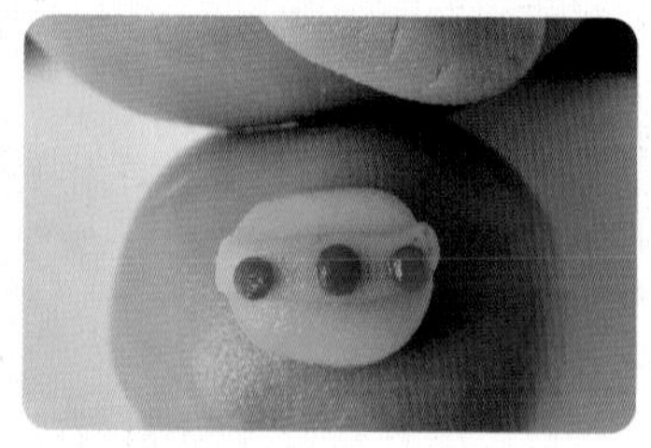

18 取 3 顆小米大小的紅色麵團，揉圓後貼在步驟 17 上。

19 將 4 顆藍色小球貼在身上，當成手腳。

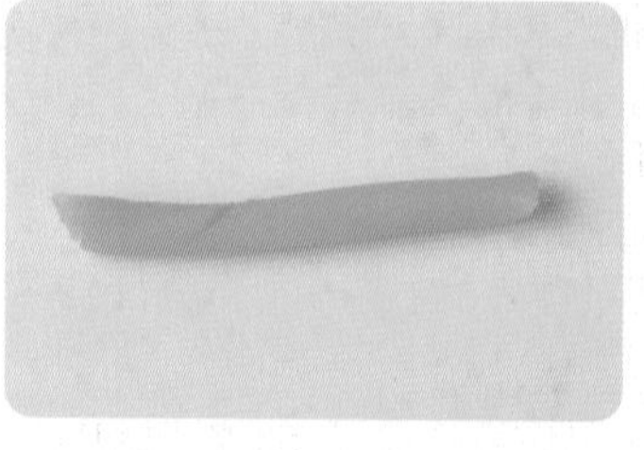

20 取剩餘的黃色麵團搓成長條狀。

21 用小刀切成 2 段。

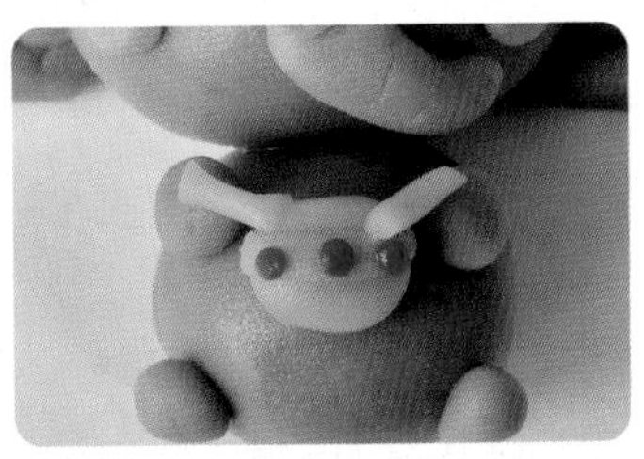

22 黏在手及鼓上，當成鼓棒。

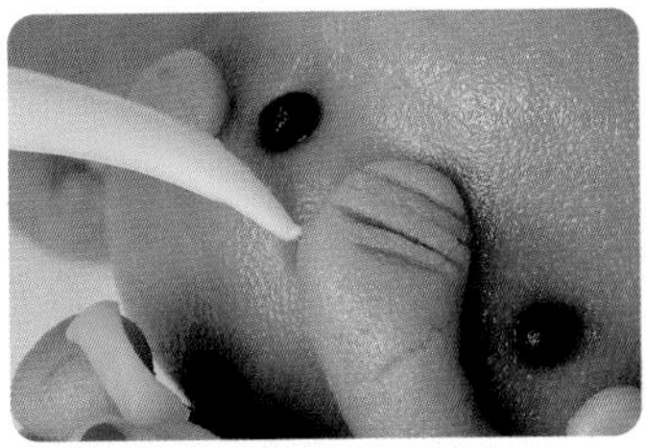

23 用雕塑工具壓出嘴巴。

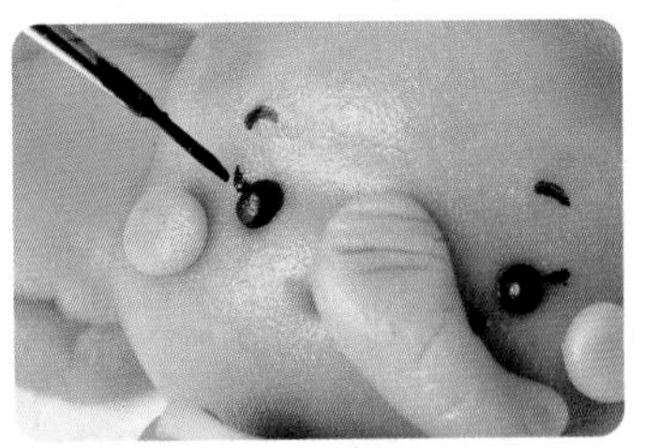

24 竹炭粉加水，調成墨汁，以小筆刷沾取畫上眉毛及睫毛。

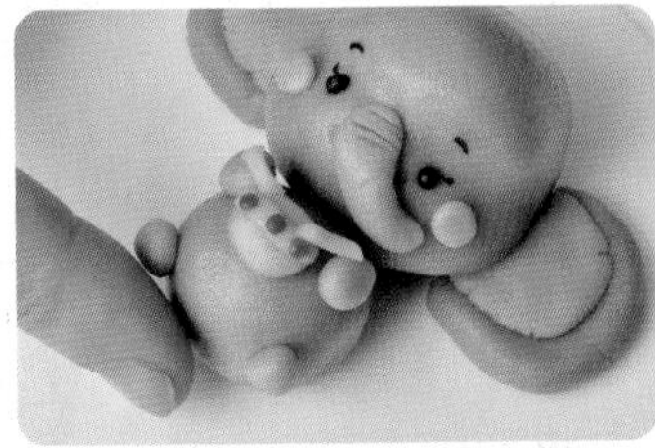

25 將身體底部壓平，即可站立。

26 造型完成，入爐烘烤（見 P.33）。

美姬老師小叮嚀

1. 大象的耳朵比較大，烘烤出來後請小心輕放。
2. 還可以做一頂尖帽（只要將帽子中間搓尖，做出帽沿，並加上點點裝飾即可），讓造型更有趣。

運
福

PART 5
鳳梨酥製作常見Q&A

鳳梨酥製作問題總整理

鳳梨酥人人愛吃，但是總擔心市售產品的原料，加上售價也不甚便宜，因此不少人都想自己動手做！
自己做鳳梨酥雖然不難，但是製作起來問題也不少。老師整理了幾個常見的問題，透過 Q&A 的方式，幫學生解惑！

Q1 為什麼粉團無法成團？

可能是無鹽奶油軟化不足，或是麵粉的吸水性較強。記得無鹽奶油要軟化到以橡皮刮刀壓拌時沒有阻力的狀況（但也不能軟化到油水分離）；若是麵粉的吸水性較強，則可以增加少許全蛋液調整。

Q2 為什麼包的時候餅皮容易裂開？

粉團製作程序中，在加入麵粉切拌的過程過度揉捏，導致粉團的延展性降低，因此在包時容易裂開。

Q3 為什麼烤完會裂開？

可能是在粉團製作過程中過度揉捏，或是內餡炒得不夠乾、爐溫過高、烘烤時間過久等，都是導致烤完餅皮裂開的原因。如果是一般平面鳳梨酥，還有烘烤後表面容易膨起的問題，可以在烘烤 10 分鐘後翻面，用烤盤壓著一起烘烤，鳳梨酥的外皮膨脹就會比較平整。

Q4 為什麼口感不酥？

烘烤時間不足，鳳梨酥外皮沒有烤熟；或是內餡炒得不夠乾，內餡出水導致外皮變得濕軟。還有保存方式不佳，未能將鳳梨酥密封處理，表皮受潮。

Q5 為什麼烘烤後零件會脫落？

大部分的問題是因為粉團太乾，使得烘烤出爐，還沒有碰撞到就掉落，可以加一些蛋液調整；有些則是因為零件太小，烘烤完過於酥脆，輕輕一碰就會掉落。

Q6 小零件無法搓圓怎麼辦？

小零件是造型鳳梨酥的小焦點，雖然不起眼，卻也有畫龍點睛的重要性。有時搓揉小零件時，總是無法搓圓，這是因為粉團可能在不斷的搓揉中喪失水分，因此只要加入少許水分在粉團中揉勻即可，不需要過度緊張。

Q7 如何判斷鳳梨酥有沒有烤熟？

首先可以藉由鳳梨酥底部上色狀況來判斷。但最準確的方法則是將鳳梨酥切開來，外皮內外顏色一致，代表已經烤熟；如果靠近內餡的顏色偏深，代表尚未烤熟，可以放回烤箱續烤 5 分鐘後再檢查，直到整顆鳳梨酥烤熟為止。

Q8 如何防止造型鳳梨酥過度上色？

當烘烤到 12 分鐘時，可以套上錫箔紙帽子來防止過度上色。套上錫箔紙的鳳梨酥建議多烤 3 分鐘，以防鳳梨酥不熟。

老師不建議將錫箔紙直接蓋在鳳梨酥表面，如此一來雖然可以防止上色，但也很容易造成表皮破損。

Q9 烘烤要不要墊上饅頭紙？

鳳梨酥進烤箱，除了使用洞洞烤墊外，還需要墊上饅頭紙嗎？其實有沒有墊上饅頭紙都可以，但是依老師個人的經驗，墊上饅頭紙烘烤出來底色會比較不平均，且底色也會比較淺。

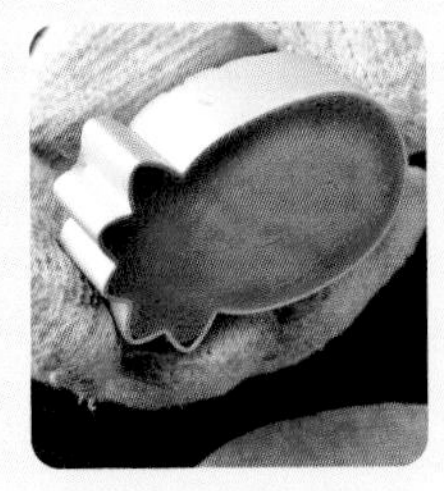

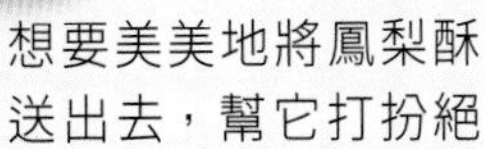

Q10 鳳梨酥要如何包裝？

想要美美地將鳳梨酥送出去，幫它打扮絕對可以加分。
老師習慣先將鳳梨酥放入油力士杯中，再放入單獨的包裝盒裡，裡面建議放個乾燥劑，可保持食物乾燥，減少食物包裝內的濕氣，能稍微延長保存期限。

Cook50210

卡哇伊造型鳳梨酥

黃金比例塔皮與內餡，口感酥香超涮嘴；易捏好塑形、烤後不走樣、運送不脫落；創業、自用最佳的伴手禮

作者｜王美姬
攝影｜周禎和
美術設計｜許維玲
編輯｜劉曉甄
校對｜翔縈
企畫統籌｜李橘
總編輯｜莫少閒
出版者｜朱雀文化事業有限公司
地址｜台北市基隆路二段 13-1 號 3 樓
電話｜ 02-2345-3868
傳真｜ 02-2345-3828
劃撥帳號｜ 19234566 朱雀文化事業有限公司
e-mail ｜ redbook@hibox.biz
網址｜ http://redbook.com.tw
總經銷｜大和書報圖書股份有限公司 (02)8990-2588
ISBN ｜ 978-986-06659-0-1
初版二刷｜ 2021.09
定價｜ 450 元
出版登記 北市業字第 1403 號

國家圖書館出版品預行編目

卡哇伊造型鳳梨酥：黃金比例塔皮與內餡，口感酥香超涮嘴；易捏好塑形、烤後不走樣、運送不脫落；創業、自用最佳的伴手禮／王美姬著
-- 初版. -- 臺北市：
朱雀文化，2021.07
面；公分 --（Cook50；210）
ISBN 978-986-06659-0-1（平裝）
1.點心食譜

427.16　　110008971
